아빠의 육아휴직, 다시 돌아오지 않을 아이와의 황금 같은 시간들

직장인 아빠의
평범한
육아휴직기

아빠의 육아휴직, 다시 돌아오지 않을 아이와의 황금 같은 시간들

직장인 아빠의 평범한 육아휴직기

발　행 | 2020년 6월 11일
저　자 | 김동우
펴낸이 | 한건희
펴낸곳 | 주식회사 부크크
출판사등록 | 2014.07.15.(제2014-16호)
주　소 | 서울특별시 금천구 가산디지털1로 119 SK트윈타워 A동 305호
전　화 | 1670-8316
이메일 | info@bookk.co.kr

ISBN | 979-11-372-0917-6

www.bookk.co.kr

아빠의 육아휴직, 다시 돌아오지 않을 아이와의 황금 같은 시간들

직장인 아빠의
평범한
육아휴직기

김동우 지음

육아휴직에 들어가며

육아휴직은 근로자가 만 8세 이하 또는 초등학교 2학년 이하의 자녀를 양육하기 위하여 신청, 사용하는 휴직을 말한다. 영·유아가 있는 근로자가 그 영유아의 양육을 위하여 사업주에 신청하는 휴직을 말한다. 이 제도는 근로자의 육아 부담을 해소하고 계속 근로를 지원함으로써 근로자의 생활안정 및 고용안정을 도모하기 위해 시행됐다.

1987년 여성만을 대상으로 도입됐다가, 1995년 남성도 육아휴직을 사용할 수 있도록 제도 개정이 이뤄졌다. 생각보다 오래전에 남성 육아휴직이 시행된 것을 알 수 있다. 여성의 사회적 지위가 향상되고 사회 진출이 늘어나게 되면서 맞벌이 가정이 늘어났고 이에 여성뿐 아니라 남성들도 가정의 상황에 따라 육아휴직을 사용하게 되었다.

그러나 제도는 있었으나 실제로 남성들이 육아휴직을 자유롭게 쓰기 시작한 것은 최근의 일이다. 남성 육아에 대한 사회적 인식의 변화 및 남녀평등의 가치가 더욱 중요시되면서 남성이 육아휴직을 하는 것에 대한 사람들의 인식 자체에 많은 변화가 생겼다.

　이러한 남성 육아휴직에 대한 긍정적인 시각이 늘어나기 시작할 때 육아휴직에 들어가게 되었다. 그래도 육아휴직에 들어갈 때 조금의 어려움도 없었던 것은 아니었다. 개인의 육아휴직과 조직 구성원으로서의 역할 속에서 고민해야 했다. 그러나 결국 대부분 그렇겠지만 아이와 가정을 선택하였고 휴직에 들어가게 되었다.

　육아휴직이 중반에 들어설 무렵 아이를 학교에 보내고 나서 산을 오르다가 문득 아이와의 이 소중한 시간을 글로 남기고 싶어졌고 아이를 돌보면서 생기는 크고 작은 에피소드들과 그때 들었던 생각과 느낌들을 기록해 나갔다.

　평범하고 개인적인 이 육아휴직기를 계속 쓸 수 있게 내게 힘을 준 것은 2020년 아카데미상 시상식을 휩쓴 '봉준호' 감독의 말이었다. 시상식에서 봉준호 감독은 "영화 공부를 할 때 늘 가슴에 새긴 말이 있다. 가장 개인적인 것이 가장 창의적인 것이다. 이 말은 바로 마틴 스코세이지 감독이 한 말이다."라고 수상 소감을 하였다.

　이 책이 지극히 개인적인 아이와의 일상의 기록이지만 육아휴직을 하거나 자녀와 많은 시간을 함께하고 싶어 하는 부모들에게 좋은 영감을 주기를 바란다.

차 례

1장

드디어, 육아휴직에 들어가다.

육아휴직에
들어가기까지

  아이가 초등학교에 입학하였다. 계획대로라면 나는 아이가 입학하기 전 1월에 이미 육아휴직을 시작하고 있었어야 했다. 그러나 나도 아내도 직장을 다니고 있었다. 아이가 더 어릴 때는 아내가 육아휴직을 썼기에 초등 입학과 함께 이번에는 내가 휴직을 낼 계획이었다. 나는 공무원이어서 육아휴직을 쓰는데 큰 제약이 없었으나, 휴직할 경우 외벌이로 인한 가정 경제의 어려움 및 직장 내에서의 승진 등의 고민으로 인해 휴직을 미루고 있었다.

  아이는 당장 부모님의 손에 맡겨졌다. 부모님의 힘겨운 육아시간이 시작된 것이다. 매일 아침 우리는 출근하랴 부모님께서는 아이 밥 먹이시느라 옷 챙기시느라 가방 챙기시느라 정신없는 장면이 연출되었다. 이런 상황은 4개월간 계속되었다.

아이에게도 그리고 부모인 우리에게도 초등학교 1학년 1학기는 혼돈 그 자체였다. 초등학교는 그동안 겪었던 어린이집과 유치원과는 외형은 비슷해 보이지만 그 간격은 너무 커서 한 단계가 아닌 두세 단계를 뛰어넘는 것처럼 느껴졌다. 아이는 병설유치원을 다녔기에 초등학교에 익숙한 면도 있었지만, 교육체계 자체가 많이 달랐다. 아이들에게 자율권이 많이 부여되었고 자유시간도 많았으며 오랜 시간 교실 책상에 앉아서 생활해야 하기 때문에 신체적인 정신적인 스트레스도 증가하는 것 같았다. 또한, 어린이집, 유치원과 달리 하교 시간이 빠르기 때문에 하교 이후 시간에 대한 안전 및 돌봄 대처도 해야 했다.

부모님께서는 아이를 잘 돌봐주셔서 그나마 직장 업무에 집중할 수 있었다. 그러나 초등 1학년 1학기는 쉽게 끝나지 않았다. 부모님께서는 육아에 정성을 다하시느라 체력이 고갈되어가셨다. 저녁이 되시면 녹초가 되어 쓰러지신다는 아내의 말을 듣고 걱정이 앞섰다.

거기다가 아이의 학교에서는 담임 선생님으로부터 아이 문제로 전화가 걸려오기 시작했다. 아내에게 전화가 왔는데 나중에 아내는 전화가 오는 자체만으로도 엄청난 스트레스를 받았다. 전화 상담 내용은 아이가 다쳤다든지, 다른 아이를 실수로 다치게 했다든지, 친구랑 싸웠다는 이야기, 수업 시간에 집중을 안 하고 떠들고 돌아다닌다는 이야기 등이었다. 내 아이 때문에 학교에서 이렇게 전화를 많이 받게 되리라고는 상상도 못 했기 때문에 아내도 스트레스를 받았고 나도 놀랐고 걱정이 되었다.

퇴근하고 나면 이미 몸과 마음은 쉬고 싶다는 신호를 보내는데 아이의 다음 날 준비물이며 학교에서 무슨 일이 있었는지 학원들은 잘 다니고 있는지 묻고 챙길 여력이 생기지 않았다. 학교에서 아이의 일로 전화라도 온 날이면 아이에게 왜 그랬는지 물으면 아이는 자꾸 캐묻는 것 자체로 스트레스를 받았고 부부간에도 언성이 높아지는 날이 많았다. 맞벌이 부부로서 신체적 정신적 여력이 부족했기에 아이의 말을 잘 들어주고 투정도 받아주지 못하고 욱해서 화를 내고 다짐을 받고 그러고 나서 다시 미안해지는 상황을 반복했다.

1학년 1학기도 끝나가는 무렵 승진을 하고 발령이 나게 되었다. 더는 아이를 이대로 두어서는 안 될 것 같은 생각이 들었고, 또한 그해 초부터 직장에서의 육체적 정신적 피로로 인하여 육아휴직을 결심하게 되었다. 이미 육아휴직을 하고 있는 몇몇 남성 지인들로부터의 조언도 육아휴직에 대한 용기를 가지게 해 주었다. 발령 직후 휴직을 들어가게 되어 근무지에는 피해를 끼치게 되어 죄송한 마음을 가지게 되었으나 아이를 생각하면 더는 미룰 수 있는 상황이 아니었기에 관리자분들께 상황을 자세히 설명드리고 이해를 구하였다. 관리자분들이 이해해준 덕분에 마음 한편 미안한 마음을 가진 채 휴직에 들어갈 수 있었다.

몸은 육아휴직
마음은 직장생활

　육아를 해야 하는 일차적인 목적이 있긴 하지만 어찌 되었든 직장생활을 시작한 지 14년 만에 처음으로 직장을 잠시 떠나게 되었다. 휴직 후 한동안은 직장 근무 생각이 머리에 가득했고 근무지에서도 실제로 업무와 관련하여 자주 연락이 왔다. 연락이 올 때마다 직장에서 일하고 있는 기분이 다시 되곤 하였고 연락 후에도 한동안은 그 기분이 가시지 않았다.

　사람의 마음에도 관성의 법칙이 있다고 한다. 직장생활을 계속하다 보면 퇴직하거나 휴직을 해도 계속 근무하던 것에 익숙해져서 일을 안 하고 있는 것이 이상하고 불편해지는 것이다. 14년만 일해도 이럴진대 수십 년 근무하고 퇴직하신 분들의 공허함은 더 심할 것 같다. 휴직 중 계속 생각났던 것은 더 나이 들기 전에 그리고 더 경력이 많아지기 전에 직장에서 나와보는 훈련 아닌 훈련을 해봐서 다행이라는 것이었다. 예방 주사를 미리 맞았다고나 할까 퇴직 후의 삶을 미리 체험해 봤다는 것도 육아휴직의 성과 중의 하나였다.

육아휴직을 시작하면서 아침에는 아이와 손잡고 학교 앞까지 가서 볼에 입 맞추고 안아주고 등교시키고 하교할 때 데리러 가서 같이 돌아오는 일상이 시작되었다. 엄마들과 할머니 할아버지가 대부분인 등하굣길에 아빠가 서성이는 것이 처음에는 어색했지만 익숙해지는 데는 시간이 오래 걸리지 않았다. 아침에는 집 안 청소하고 빨래도 하고 아이가 없을 때 장도 보고 간단한 요리도 하고 아이를 기다렸다.

그동안 일만 하느라 못한 운동을 시작하기로 하고 종목을 수영으로 정했다. 아이가 태어나기 전 신혼 때 하던 좋은 기억이 나서 시작했다. 아이의 등하교 시간을 피해서 할 수 있는 시간은 새벽 직장인 수영반밖에 없었다. 오전 시간에는 모두 여성을 위한 수영 강습밖에 없었기에 젊은 남성이 할 수 있는 강습 시간은 새벽 수영밖에 없었다. 첫날 초급반에 들어가서 수영을 하고 나와서 탈의실에서 쓰러져버렸다. 그동안 직장 다니며 약해진 몸을 생각하지 못하고 오랜만에 하는 수영을 열심히 한다 해서 탈진해버린 것이다. 하늘이 노랗고 구역질이 나는 것을 간신히 참고 탈의실 걸상에 한동안 누워있었다. 체력이 바닥을 친 것 같았다. 겨우 집에 돌아와서 아이를 학교에 보내 놓고 한나절 쉬고 나서야 움직일 수 있었다. 육아휴직을 하고 며칠 뒤 심한 몸살감기가 와서 일주일을 꼼

짝을 못 하고 집에서 약을 먹으며 누워서 지냈다. 병을 다 앓고 나자 너무 몸이 안 좋아져서 기력이 하나도 없었다. 아이를 돌보는 육아휴직을 하기 전에 내 몸부터 치료해야 할 질병 휴직을 해야 할 몸 상태였던 것 같다.

2장

1학년, 새로운 환경에 부딪히며 크는 아이

학교에서
전화가 오기 시작하다

  아이가 초등학생이 되고 학교에서 담임 선생님으로부터 연락이 오기 시작했다. 통화 내용은 대부분 아이의 학교생활 중 가정에서도 지도가 필요한 사항에 관한 내용 들이었다. 선생님과의 전화 상담자는 아무래도 아이의 엄마인 아내가 되었다. 그래서 내가 직장을 다니고 있었던 아이의 1학년 1학기 때는 그 상황에 대해서 깊게 생각하지 않았고 다분히 1학년이라는 새로운 환경과 새로운 친구들을 만나 부딪히며 적응해 가는 과정이라고만 생각했다. 아내는 학교에서 담임 선생님으로부터 전화가 오는 것에 상당히 스트레스를 받았다. 아이의 학교생활 적응 문제는 내가 육아휴직에 들어간 가장 큰 이유이기도 했다.

  아이의 그동안 보육 및 교육기관의 적응 과정을 돌이켜보면 적응에 큰 문제를 보이지 않았기에 초등학교에 들어가서 학교에서 연락이 오는 것에 더 당황했던 것 같다.

아이가 초등학교 들어오기 전까지의 과정을 보자면 처음엔 집 근처 가정식 어린이집에 하루 이틀 보냈다가 너무 어린 나이에 보내는 것이 안 돼 보여 다시 집으로 데리고 왔다. 그 후 집에서 정부 보육 돌보미의 도움을 잠시 받았고 그 후 좀 더 자유로운 환경일 것 같아서 놀이학교에 보냈다가 다행히 아이가 어릴 적 대기를 걸어두었던 시립어린이집에서 연락이 와서 한국 나이 4살부터 6세 중반까지 생활할 수 있었다. 시립어린이집의 원장님과 선생님들이 너무 좋으셔서 만족하면서 보낼 수 있었고, 시립의 특성상 맞벌이 부부인 우리도 부담을 느끼지 않고 맡길 수 있어서 좋았다.

그 시립어린이집이 7세 반이 없어서 고민하던 차에 내가 근무하던 초등학교 병설유치원의 6세 반이 인원 미달이어서 6세 중반에 그곳으로 옮겨서 초등학교 입학 전까지 다닐 수 있었다. 아이와 같은 학교로 출퇴근 및 등하교를 같이하면서 지켜보고 담임 선생님들과도 상담하며 지켜본 바로는 아이는 큰 문제 없이 즐겁게 생활하였고 다른 아이를 때리거나 맞고 오지도 않았다. 이런 상황은 병설유치원뿐 아니라 시립어린이집에서도 마찬가지였다.

육아휴직에 들어가면서 아이의 학교생활 전반에 관한 사항은 내가 담당하게 되었다. 육아휴직이 시작되고 며칠 안 되어서 아이는 얼굴이 멍들고 입술 안이 터져서 집으로 돌아왔다. 학교에서 전화가 왔고 이때까지도 아내가 전화를 응대하고 있었다. 도서실에서 줄 서기를 하다가 상대 아이와 물리적 다툼이 있었다고 했다. 상대 아이는 이전부터 줄곧 우리 아이와 부딪히던 아이였고 활달한 아이였다. 또 며칠 뒤 학교에서 아내에게 연락이 와서 아이가 여자아이를 자꾸 놀린다며 다시 놀리지 않도록 상대 부모가 다짐을 받고 싶다는 말을 전했다. 아내는 상대 부모와 통화를 해서 일을 마무리 지었고 아이에게도 교육했다. 아내는 다른 아이에게 피해받은 것은 그러려니 하는데 피해를 준 상대 아이의 부모들에게는 사과해 나가는 상황에 힘들어했다.

전반적인 아이의 학교생활에 대한 이해와 상담의 필요성을 느끼고 담임 선생님과의 면담을 요청했다. 상담일에 아내가 직장을 조퇴하고 와서 함께 담임 선생님을 만났다. 선생님으로부터 입학부터 지금까지의 아이의 학교생활에 대해 듣고 현재 아이가 부딪히고 있는 문제들에 관해 이야기를 나눴다. 선생님의 잦은 전화로 불편함을 느끼는 아내를 대신하여 내가 학교에서 오는 모든 상담 전화를 받기로 하였고 2학년 때에는 자주 부딪히는 친구와 같은 반이 안 되도록 편성해달라고 요청하였다. 또 아이와 가장 잘 부딪히는 친구가 아이의 얼굴을 때리지 못하도록 해달라는 요청도 하였다. 이렇게 하여 그 후 1학기를 큰 사고 없이 보내고 여름 방학을 맞이하였다.

아이들 특히 남자아이들은 싸우면서 자란다고 들어와서 아이들이 좀 싸우고 그런 것은 자연스럽게 생각했는데 요즘 학교 분위기는 그렇지 않은 것 같다. 초등 저학년이라도 학교폭력위원회가 열리고 처벌을 하고 있다고 한다. 학부모들도 자녀의 조그만 피해에도 적극적으로 대응하고 학교에서도 그렇게 해주길 요청하며 학교도 그런 사건들이 발생하지 않도록 사전에 계속 지도를 하고 있다. 학교에서는 사소한 일이라도 학부모에게 바로 알리고 있으며 그래서 학교에서 이렇게 전화가 많이 올 줄은 생각지도 못하다가 많은 전화를 받게 되었다.

2학기가 되었다. 여름 방학을 잘 보내고 학교에 가는 아이를 보며 1학기도 경험해봤고 친구들과도 친해졌을 테니 이제 2학기부터는 잘 적응하겠지 라고 생각했다. 그러나 2학기 시작과 함께 또 학교로부터 전화가 오기 시작했다. 친구와 다투다가 얼굴과 목, 손 등 여러 부위에 상처를 가지고 집으로 돌아왔고 아이도 다른 친구를 놀리고 때렸다고 했다. 하교할 때에는 아이의 표정과 얼굴에 상처가 없나 살피며 오늘은 안 싸웠나 파악하는 것이 일상이 되어갔다. 다른 아이와 다투거나 했을 때는 담임 선생님으로부터 전화를 받고 나서 아이에게 직접 무슨 일이 있었는지 물어보고 학교에서 문제 행동을 하지 않도록 반복해서 교육했다.

얼마 뒤 선생님으로부터 상담 요청이 들어왔다. 이번에는 아이와 함께하는 상담을 요청하셨다. 내친김에 그날 바로 하교하는 아이를 데리고 교실로 찾아갔다. 아이와 함께 앉아서 선생님으로부터 아이의 교실 내 문제 행동들에 관해 이야기를 들었다. 내용은 친구들을 놀리고 장난치는 것, 수업 시간 떠들고 돌아다니는 것, 선생님의 지시를 따르지 않는 것 등이었다. 선생님은 반복적으로 지도하고 가정에서도 지도한다고 하지만 행동이 전혀 바뀌는 것 같지 않다고 했다. 시간이 된다면 부모들이 수업에 참관하여 아이의 상황을 직접 보셨으면 좋겠다고 하셨고 아내와 상의해보고 결정하겠다고 했다. 또한, 선생님을 놀리고 수업 시간에 지시에 따르지 않고 한 것에 대해서는 선생님도 사람인지라 마음에 상처를 받았다며 아이로부터 사과를 받고 싶다고 했다. 아이에게 선생님께 잘못한 것이 있다면 사과드리라고 했고 아이도 죄송하다고 사과하였다. 선생님께서는 아이에게 잘하자며 응원과 당부를 했고 아이도 알겠다고 했다. 2학년 때에는 아이와 많이 부딪히는 친구와 다른 반으로 편성되도록 다시 한번 요청하고 상담을 마무리 짓고 나왔다. 학교에 부모와 함께 가서 잘못한 것에 대해서 지적받을 때 아이가 마음속으로 상처를 입지 않도록 조심했다. 내가 아이 나이였을 때 선생님께 심한 질책을 받은 것이 아직도 마음에 상처로 남아있었기에 아이의 잘못한 부분에 대해서는 분명하게 지도를 하면서도 상처로 남지 않았으면 하는 마음을 가지고 상담에 임했다. 아이와 부모 선생님이 함께 좀 더 깊은 상담을 하였기에 아이도 조금 변화되길 바라는 마음을 가지고 돌아왔다.

상담 후 며칠 뒤 하교하다 심하게 넘어지는 바람에 무릎을 다쳐서 몇 바늘 꿰매는 봉합 수술을 했다. 많이 다쳐서 운동 등에 제약이 많고 얼마 전 담임 선생님과 셋이서 상담도 했기에 방학 전까지는 학교생활을 조용히 보내겠구나 하고 생각했다. 하지만 일주일이 지나서 하교 후 아이 상처 치료 때문에 병원에 있는데 학교에서 전화가 왔다. 학교에서 가만히 있는 시간이 거의 없고 선생님의 지시도 잘 따르지 않고 달라진 것이 없다면서 다시 참관수업 요청을 했다.

그다음 주에도 친구와 다퉈서 친구가 던진 물건에 볼에 상처를 입고 돌아왔고 며칠 뒤 하교 후 선생님으로부터 전화가 와서 선생님의 지시를 안 따르고 본인을 놀린다며 인간적으로 화가 난다며 바로 면담을 요청하셨다. 그날은 일정이 있어서 면담은 못 한다고 답변하였다. 선생님은 다음 날이라도 학교에 와서 아이의 수업을 참관해 달라고 다시 요청하였으나 생각해 본다고 해두었다.

아이의 수업 중 모습은 담임 선생님의 말씀과 아이의 성향으로도 충분히 예상할 수 있었고 가서 뒤에서 지켜본다고 해서 그때 잠시 태도가 나아질지 모르겠지만 그것으로 근본 원인을 해결할 수 있을 것이라고는 생각하지 않았기에 참관수업 요청을 미루고 있었다.

수업 참관을 할 때 아이가 느끼는 감정도 생각해 보아야 했다. 하루 이틀 가서 참관해서 얻는 아이의 잠시의 긍정적 변화와 비교했을 때 아빠가 교실 뒤에 가서 참관하는 동안 아이가 느낄 창피함이나 죄책감이 더 크게 생긴다면 더 나쁜 결과가 생길 수도 있을 것이기 때문이다. 또한, 그런 모습들이 친구들에게도 영향을 미쳐 아이를 안 좋은 시각으로 보게 되지 않을까 더 염려되었기 때문이다. 선생님께서 참관 요청을 하라는 뜻은 아이의 수업 상황을 보면 전혀 나아지지 않고 있으니 아이를 잘 아는 부모가 와서 보고 아이의 상태를 파악해 보라는 의도일 것이다.

아이의 이런 문제로 인해 Wee 센터에서 전문 상담 선생님을 통해 인지 치료를 진행하고 있는데 Wee 센터 선생님께서는 뭔가 학교의 수업 환경 중 아이의 심리를 자극하는 요소가 있고 그 요소를 제거해주면 나아질 거라고 말씀하셨다. 단순히 아이의 문제가 아닌 친구들과의 문제, 학급 아이들의 성향, 교실 분위기, 담임 선생님의 지도 방법 등 종합적인 문제로 볼 수 있기에 더 신중히 접근하고 2학년이 되어서 아이의 마음 및 행동과 아이 주변 환경이 좀 나아지기를 바라며 상담 치료를 계속하며 가정에서도 계속 지도를 시키기로 했다.

그다음 날에는 아이가 하교 후에도 교문을 나오지 않았다. 이상해서 핸드폰을 보니 선생님의 부재중 전화가 찍혀있었다. 전화해보니 선생님께서 아이를 데리고 있고 나에게 상담을 요청하셨다. 그날 바로 가야 할 곳이 있어서 다녀와서 상담하기로 하고 일을 마치고 근처에 사시는 장인어른과 함께 상담하러 갔다.

선생님께서는 계속 지적하던 아이의 문제 행동들에 관해서 이야기하셨다. 수업 시간에 돌아다니고 친구에게 장난치고 선생님의 지시에 잘 안 따른다는 것이다. 그러시면서 참관수업 요청을 하셨다. 나는 아이가 일으키는 문제에 대해서 선생님의 말씀을 신뢰하고 있고 짐작할 수 있으므로 굳이 보지 않아도 된다고 했고 참관수업이 아이를 변화시킬 수 있다면 몇 번이라도 참관하겠으나 부모가 참관했을 경우 아이가 느낄 감정과 다른 친구들이 보는 시선으로 아이에게 더 안 좋은 영향을 미칠 수 있어서 단독 참관수업은 거절하고 전체 학부모의 참관수업이라면 참석하겠다고 하였다.

그리고 Wee 센터 상담 선생님의 지적을 참고로 하여 아이를 학교에서 자극하는 요소들이 무엇인지 모르겠지만 제거되고 학급 환경이 좋아지도록 해달라고 요청했다. 선생님께서는 우리 아이뿐만 아니라 자주 문제를 일으키는 친구들 부모님께도 요청해 둔 상태라고 하셨지만, 아직 아무도 오지는 않은 상태라고 하셨다.

동행하셨던 아이의 할아버지께서는 고생하시는 선생님을 위로하시고 다만 아이들이 아직 어리므로 인격이 형성되어가는 과정으로 보고 너그럽게 이해해주시고 사랑의 눈길로 대해주시길 당부하셨다.

Wee 센터 활용하기
(전문기관을 통한 도움 받기)

　나의 직업이 학교와 교육청 등 교육기관에서 근무하는 공무원이
기에 여러 교육기관에 대한 전반적인 지식은 갖고 있었다. 학교 및
시·도 및 지역교육지원청에도 얼마 전부터 자격을 갖춘 상담교사
와 상담사들이 배치되어 학생들의 상담 관련 업무를 하고 있는 것
으로 안다.

　여름 방학이 끝나고 2학기가 되어도 학교에서는 아이의 학교생
활 문제로 전화가 계속 왔다. 담임 선생님의 전문기관에 상담을 받
아보라는 조언과 상담교사로 일하는 지인의 권유도 있었고 우리
부부 역시 해결을 위한 변화를 꾀하기 위해 전문기관의 도움을 받
아보기로 했다. 먼저, 지인이 알려준 시·구 에서 운영하는 학생 상
담 기관에 문의하였는데 그곳은 초등학교 1학년은 상담을 하고 있

각 지역마다 학생들의 상담 관련 업무를 하고 있는 Wee 센터가 있다.

지 않다고 하면서 내가 익히 알고 있는 교육청 소속의 Wee 센터를 소개해 줬다.

Wee 센터에 전화를 걸어 보았다. 전화하면 바로 상담을 할 수 있을 거라는 생각과 다르게 신청을 하게 되면 센터 내부적으로 상담 대상 학생에 대한 검토를 통해 상담 여부를 결정하고 담당 상담 선생님을 배정하고 연락을 준다고 했다. 얼마간의 시간을 기다린 후 어느 날 담당 상담 선생님으로부터 연락이 왔다. 친절하신 목소리의 남자 선생님이셨다. 선생님과 아이의 학교 및 학원 수업 시간을 피해 가장 적당한 요일과 시간의 상담 일자를 잡았다. 상담은 대략 10회 정도 진행되며 일주일에 1회씩 정해진 요일과 시간에 진행된다고 한다. 상담 날짜가 정해지고 아이에게 설명하는 일이 남았다. 자신이 문제가 있어서 치료받으러 간다는 인상을 받지 않도록 상담 선생님께 너의 학교생활의 힘든 점을 이야기하고 도움을 받아보자는 식으로 이야기를 했다.

첫 번째 상담일 아이를 데리고 Wee 센터가 설치되어있는 인근 중학교로 향했다. 해당 중학교의 여유 교실을 활용하여 4층 전체를 Wee 센터로 활용하고 있는 정보는 이미 직장에서 근무하며 들어서 알고 있었다. 중학교 형과 누나들의 수업이 끝나지 않아 돌아다니고 있는데 초등학생인 자신만 있다는 것에 처음에는 약간 움츠러드는 것도 같았다. 그래도 워낙 활달한 아이여서 새로운 환경에 호기심을 보였다. 4층에 있는 Wee 센터 사무실에 가니 여러 상담 선생님이 계셨다. 아이의 담당 선생님은 자상하게 보이는 젊은 남자 선생님이셨다. 간단한 인사를 나누고 부모인 나는 인성검사 질문지를 받아서 작성하는 동안 선생님과 아이는 센터를 돌아보며 이 센터가 어떤 곳인지 이해하고 이 장소에 익숙해지는 시간을 가지는 것 같았다. 질문지는 아이가 어려서 직접 작성이 힘드므로 부모인 내가 작성하는 것이었고 항목이 많아서 시간이 꽤 소요되었다. 질문지 작성이 끝날 무렵 아이와 선생님이 돌아와서 아이가 잠시 대기실에 있는 동안 선생님과 나의 면담이 진행되었다. 아이의 어떤 문제로 센터에 오게 되었는지 그리고 현재까지의 아이의 학교생활 적응 과정의 어려움에 대하여 설명하였다. 선생님께서는 차분히 공감하며 들어주셨고 앞으로 대략적인 상담 진행 과정에 관해 설명해 주셨다.

두 번째 상담 일에는 아이가 흥미를 느낄만한 소재로 게임을 하면서 상담이 진행되었다. 아이가 아직 어리다 보니 단순 상담은 지루해하고 어려워할 수 있으므로 놀이와 게임을 통한 학습과 치료를 진행하는 것 같았다. 상담이 진행되는 동안 부모는 대기실에 있어서 진행 내용을 볼 수는 없으나 아이의 상담 후 부모와의 면담 시간에 대략적인 진행 내용에 대하여 들을 수 있었다. 학교 수업 시간을 축약하여 진행해 보며 정해진 규칙을 지키는 연습을 하는 것 같았다. 수업과 쉬는 시간 등 학교 내의 규칙에 익숙해지도록 해주는 것 같았다. 부모 면담 시간에는 지난번 작성했던 심리 정서 상태에 대한 인성검사 질문지에 대한 결과물을 받았다. 선생님께서는 평가 결과에 대해 크게 의미를 두지 말라고 하셨다. 내용을 읽어보았으나 별다른 특이사항은 보이지 않았다. 선생님께 아직도 학교에서 전화가 오는 등 힘든 점을 이야기했다.

셋째 날에는 아이가 좋아하는 만들기 놀이를 하였다. 나무를 조립하여 소형 가구를 만들어서 집에 가지고 갈 수 있어서 아이가 아주 좋아했다. 선생님은 아이의 탐구심을 칭찬해 주셨다. 또 모래 놀이장에 피규어들을 배치해보면서 심리 상태를 파악하는 것도 진행해 보았는데 심리적 문제를 지적받지는 않았다. 선생님은 아이와 놀이를 진행하면서 작성한 단답형 문답지를 부모 면담 시 보여줬는데 평상시 아이와 이야기할 때 듣던 내용과는 다른 답변을 보고 '내가 부모지만 아이의 마음을 잘 모르고 있었구나!'라는 생각을 하게 되었다. 가령 아이와 자주 부딪히는 친구가 어떠냐고 집에서 물어보면 때리고 다투지만 재미있는 친구고 2학년 때도 같은 반 되고 싶다고 했는데 답변지에는 그 아이가 싫고 때릴까 봐 학교에 가기 싫다고 적혀있었다. 이 상담내용을 참고하여 담임 선생님과의 상담 시 그 친구와 그 외 몇 명의 친구와 다른 반으로 편성해달라고 요청할 수 있었다.

네 번째 상담은 규칙을 지키면 아이가 좋아하는 간식 같은 보상을 주어서 학교 내에서 규칙을 지켜야 함을 알려주고 규칙에 익숙해질 수 있는 활동 등을 하였다. 상담하는 날 갑자기 일이 생기거나 해서 못 가는 날은 미리 연락해주었고 되도록 상담 시간은 빠지지 않고 다니려고 했다. 아이도 상담가는 날을 기다렸다. 놀이와 게임을 통한 상담이기에 꽤 흥미를 느끼는 것 같았다. 삼촌 같은 선생님을 잘 따르기도 했다.

다섯 번째 상담 시에는 당일 걸려온 담임 선생님으로부터의 전화로 인해 답답한 마음을 선생님께 면담 시 이야기했더니 특별히 시간을 더 내주셔서 면담해주셨다. 아이를 이해하는 마음을 가지고 있지만, 학교에서 문제를 일으키지 말고 담임 선생님에게 전화가 오지 않았으면 하는 마음에 답답하고 조급해지는 것 같았다. 단호하게 야단을 쳐야 하냐는 나의 질문에 상담 선생님은 아이가 외향적 성격이어서 자신의 욕구에 솔직하여서 야단이나 강제적 방법이 아닌 보상을 통한 접근을 제시해 주셨다. 또한, 기질적인 특성도 있으나 현재로서는 생활환경의 영향을 많이 받고 있기에 그 환경 속에서 해결하는 방법을 찾아야 한다고 하셨다. 선생님의 조언을 듣고 아이의 성향을 객관적인 시각으로 볼 수 있었고 자녀 교육에 대해 잘 못 이해하고 있었던 생각들을 다시 되돌아볼 수 있어서 아이를 도울 수 있는 힌트도 얻을 수도 있었다.

여섯 번째 상담도 게임을 통한 치료와 상담을 진행하였다. 선생님께서는 아이의 사회성 및 학교 내의 생활에 도움이 될 인지 치료를 진행하고 있다고 하셨다. 아이는 선생님과 게임하고 놀이하고 상담하는 것을 좋아하여서 Wee 센터에 가는 것을 기다렸다. 담임 선생님과 상담 시에는 상담 선생님께 여러 가지 아이에 대한 견해를 미리 듣고 가서 말할 수 있어서 학교 상담에도 도움이 많이 되었다.

일곱 번째 상담은 연가를 내고 쉬고 있는 아내와 동행했다. 아이가 상담받고 있는 과정의 내용은 나를 통해서 많이 듣고 있었지만 상담받고 있는 환경과 상담 선생님과 아이의 모습을 한 번쯤 보는 것이 좋겠다는 생각도 들었고 아내 역시 보고 싶어 해서 함께 가게 되었다. 아이는 놀이를 통해 규칙을 지키고 학교 환경 및 생활에 적응하도록 훈련 및 상담을 받았다. 아이의 상담이 끝나고 아내와 함께 상담 선생님과 상담의 시간을 가졌다.

상담 선생님께서는 아이에게 좋은 변화가 생겼다고 알려주셨다. 자신의 감정을 드러냈다고 한다. 직접적으로 자신의 감정을 나타내는 단어를 사용하였고 이것은 감정을 표현하는 것으로 좋은 변화라고 설명해 주셨다. 자신의 감정을 표현하는 것에서부터 시작해서 상대방의 감정을 공감하는 능력을 갖추게 되면서 사회성이 발전하는 것이기 때문이라고 한다.

우리는 담임 선생님의 요청에 따라서 학교를 방문하여 두 번째로 상담을 가진 이야기를 알려드렸고 상담할 때 나온 이야기들에 대해서 상담을 하였다. 아이가 아직 수업 시간 산만하고 친구들과 부딪히고 있는 이야기와 선생님의 지시도 잘 안 따른다는 이야기들에 관해서였다. 학교 참관수업은 좀 더 고려해보고 있다는 것도 알려드렸다.

아내는 아이의 잘못을 인식하면서도 학교생활에 문제를 일으키는 아이들을 대하는 담임 선생님의 지도 방식과 태도 등에 대하여 불만을 이야기하였다. 1학년 때 제대로 잡히지 못한 학교생활 전반에 대한 습관이 2학년이 되어서 아이들에게도 힘든 시간이 될 수 있음을 안타까워했고 학교 내에서도 부정적 모습만 극대화되어 비쳐서 문제 아이로 낙인이 찍히게 되어버린 상황과 그걸 받아들이게 될 아이에 대해 안타까움도 토로했다. 그리고 상담을 더 이어가야 하는지도 물었다.

상담 선생님께서도 이런 안타까운 상황에 대해 적극적으로 공감해주셨다. 그리고 앞으로 3회가 남은 상담 일정을 소화하고 나서도 언제든 다시 상담을 신청할 수 있다고 하셨다. 아이가 2학년이 되어 잘 적응하게 되면 상담이 필요 없어지게 될 것이고 필요하다면 다시 상담을 진행할 수 있음을 알려주셨다.

아내가 함께 아이의 상담 과정에 참여하여 결과를 공유해서 이야기를 나눌 수 있어서 내가 보지 못하는 그리고 내가 생각하지 못했던 부분도 알고 상담할 수 있어서 많은 것을 느끼고 깨달을 수 있었던 것 같다.

여덟 번째 상담일이다. 오늘은 선생님께서 아이에게 자율권을 더

주라고 요청하셨다. 나도 느끼는 바이지만 아이가 숫자 계산 같은 것을 할 때 너무 서둘러 하려다 보니 실수를 해서 틀리는 경우가 많고 놀이를 할 때도 성질 급하게 계속 다음 단계를 조급하게 진행하길 원하는 등 마음이 쫓기는 인상을 받으신다고 하셨다. 그 해결책으로 제시해 주신 것은 아이가 어떤 일을 할 때 조급하게 하지 않고 여유를 가지고 진행해도 그 후의 보상이나 결과는 충분히 얻을 만큼 있다는 것을 계속 인식시켜주고 그렇게 인식이 될 수 있도록 해달라고했다. 자율권을 아이에게 많이 주고 기다려주는 것 그리고 그런 때에도 보상과 결과는 사라지지 않고 기다리고 있다는 것을 마음속에 심어주도록 노력해야겠다.

아홉 번째 상담과 열 번째 상담은 겨울 방학에 들어가고 나서 진행되었다. 방학이 가까워져 오면서 학교에서도 학습 진도가 대부분 끝난 상태였기 때문에 학교 수업이 평상시보다 더욱더 여유로워 보였고 그로 인해 아이들도 큰 스트레스 없이 2학기 수업을 마감하는 것 같았다. 방학 전에 할머니 집에 다녀온 남도 지방 여행을 마친 뒤라서 인지 더욱 밝은 모습으로 학교생활을 하는 것 같았다. 그래서 마지막 두 번의 상담은 상담 선생님께 많은 것을 질문하고 고민하는 힘든 상담이 아닌 아이와 선생님이 즐거운 놀이를 하면서 2학년 때는 더 나은 모습을 기대하는 자리를 가지면서 마무리 지었다.

아이는 계속 Wee 센터에 다니고 싶다고 이야기할 정도로 이곳을 편안하고 재미있는 장소로 인식하고 있다. 이제 아이가 2학년이 되면 또 다른 어려움이 생길 수도 있지만, Wee 센터 상담을 통해서 얻은 소중한 경험과 깨달음으로 잘 지낼 수 있을 것 같다. 이번 상담을 통해서 얻은 것들은 무엇일까?

먼저 아이에 대한 보다 객관적인 시각을 가진 것이다. 아이와 누구보다 가까이 지내면서 아이의 마음과 몸을 다 알고 있다고 생각했으나 아이의 마음과 성향을 다 알고 있는 것은 아니었다. 가령 아이가 외향적이라는 사실도 여기에 와서 알게 되었다. 그 정보를 통해서 아이를 바라보는 내 시각도 달라지게 되었다. 나를 닮아서 내성적이라고 생각하고 보면 과도해 보이던 행동들이 나와는 다른 성향을 지녔기에 그 행동들이 이해할 수 있는 포용 범위가 더 넓어진 것이다. 또 아이가 부모에게 말하는 말이 모두 아이의 속마음을 그대로 표현한 것으로 생각했는데 상담 선생님과 나눈 이야기나 기록을 보고 친구나 부모 선생님의 입장을 고려해서 의도적으로 본심과 반대의 표현을 하기도 한다는 것도 알게 되었다. 가령 같이 있고 싶지 않은 친구인데도 친해지고 싶다고 이야기한다든지 하는 경우였다.

두 번째 상담으로 얻은 것은 아이에 대한 믿음이다. 상담하기 전까지는 우리 아이에게 무언가 문제가 있어서 학교생활에서 자꾸 문제가 생기는 것이라는 마음도 있었다. 그래서 아이를 다그치고 화내고 지도하고 했었다. 그런데 상담을 진행하면서 아이에 대한 믿음이 더 강해졌다. 그래서 학교에서 문제가 발생할 때도 아이의 관점에서 공감해 줄 수 있었던 것 같고 도움을 주는 쪽으로 문제 해결 접근 방법도 변화하게 된 것 같다. 학교에서의 반복되는 문제들로 인해 상담 중간에도 전문기관에 가서 주의력 결핍 장애 검사도 받아볼까 하는 순간도 있었으나 아이는 정상이라는 상담 선생님의 말씀을 적극적으로 참고하여 그 순간을 넘어간 일도 있었다. 아이에 대한 믿음이 무너지려고 할 때 선생님의 말씀이 도움이 되었던 순간이었다.

상담 선생님께서는 젊고 밝은 남자 선생님이셨는데 아이가 삼촌처럼 잘 따랐다. 선생님도 아이를 정성껏 보살펴 주셔서 아이가 학교에 대한 좋은 경험을 더 늘려갔던 것 같다. 그리고 가까운 곳에 Wee 센터가 있어서 편하게 이용할 수 있었던 것 같다.

초등학교라는 처음 접하는 장소에 적응 못 하는 아이와 이를 뒤에서 지켜보며 답답해하고 안타까워하는 부모에게 Wee 센터 상담 선생님은 아이에 대한 믿음을 버리지 않게 하고 객관적 시각을 유지 시켜주는 역할을 해주었다.

3장

2학년, 코로나 사태로 인해

　　난생처음 겪게 되는 생활들

코로나로 바뀐 일상

2020년이라는 한 해는 시간이 지나서 되돌아봤을 때 질병에 관한 사건으로 굉장히 역사적인 순간으로 기억될 것 같다.

2019년 12월 중국 후베이성 우한시에서 최초로 코로나바이러스(공식 명칭 COVID-19) 감염 보고가 있은 후 2020년 1월 초부터 중국에서 조금씩 증가 추세를 보이던 코로나바이러스가 설날을 앞둔 1월 23일 중국에서 우한시를 봉쇄하면서 사태의 심각성을 사람들이 인식하게 되었고 그 시점을 전후로 하여 확진자 수와 사망자 수가 폭발적으로 증가하게 되었다.

이 사태에 대해서 개인적으로 관심이 있어 지속적으로 인터넷으로 정보를 얻고 있었고 사태가 심각하다는 것을 알게 되었다. 중국에서는 연일 폭발적으로 환자가 발생하였고 우한시에서는 병원의 수용 능력이 한계치를 넘어서서 치료도 제대로 받지 못하고 사망하는 사람도 발생하는 상황에 이르렀다.

다행히 국내에서는 1월 20일 첫 확진자가 발생한 뒤 환자 수가 급증하지 않고 질병관리본부에서 감염 경로를 파악할 수 있는 통제 범위 내에서 진행되고 있었다. 이때까지만 해도 사람들은 사태의 심각성을 별로 인식하지 않아 거리에 나가보면 거의 마스크를 하지 않고 다니고 있었다.

우리 가족도 1월에는 사람들이 밀집한 곳을 제외하고는 야외나 아이 학원 수업 시 그리고 아내의 직장에는 마스크를 착용하지 않았다. 1월까지 국내는 11명의 확진자가 발생하였고, 2월 17일까지 전 세계적으로 7만여 명 그리고 국내 확진자가 30명까지 늘었지만 완치하여 퇴원하는 사람도 10명이었고 완치를 담당했던 의사는 기저질환이 없으면 감기처럼 지나가기도 하고 치료도 잘 된다는 기사도 읽기도 했다. 중국과 비교해 우리나라는 방역이 잘 되어 이렇게 지나가겠구나 하는 생각이 들었다.

그러나 2월 18일 대구에서 국내 31번째 확진자가 발생한 후 종교 단체를 위주로 한 전국적인 지역사회 감염이 급속도로 확산되기 시작하였다. 이때부터 국내에서도 중국에서의 코로나바이러스 급증에도 잘 안 쓰던 마스크를 사람들이 쓰기 시작하였고 마스크 수요 증가로 인한 온라인 마스크 가격 폭등 및 품절 사례가 발생하기 시작하였다.

우리는 2015년 메르스 사태 때 사둔 마스크와 작년 미세먼지 때문에 아이의 등하교 시 사용하기 위해 사둔 마스크로 지낼 수 있었다. 마스크를 사려고 해도 가격이 너무 폭등해서 구매할 엄두가 나지 않았다. 다행히 아이는 학교와 학원을 안 나가게 되고 나는 휴직 상태여서 사람들이 밀집된 지역에 갈 일이 적고 아내만 출퇴근 시 사용하면 되기 때문에 마스크 사용량이 많지 않았다.

2월 24일 인근 대형 마트에 아이와 물건을 사러 갔는데 개장 전부터 차들이 꼬리를 물고 서 있었다. 알고 보니 마스크가 있을까 하고 일찍부터 온 것이다. 개장 후 들어가 보니 대부분의 마스크 물량이 대구 경북지역으로 보내지고 있어서 들어온 것이 없다고 했다. 그래도 아동용 소형 마스크는 있어서 몇 매 사고 손 세정제는 여유 있게 팔고 있어서 살 수 있었다. 뉴스에서는 사람들이 마스크를 사기 위해 창고형 대형 마트에 새벽부터 줄을 서는 기사도 나오고 있었다.

2월 말부터는 국내 확진자가 폭발적으로 증가하여 학교 개학은 3월 9일로 일주일 연기된다고 2월 23일에 발표되었고 아이들의 학원도 2월 마지막 주부터 휴업에 들어갔다.

3월에도 국내 확진자 수가 하루 500명 전후로 발생하면서 봄이 오는 바깥 풍경과는 대조적으로 사회에는 어두운 그림자가 드리우고 있었다. 코로나바이러스 유행이 길어지면서 사회적으로 많은 변화가 일어났다.

국가적으로는 사람들 간 사회적 거리 두기를 강조하였다. 직장인들은 재택근무를 하기 시작하였다. 아내도 일주일에 이틀 정도는 집에서 근무를 하였다. 외부에서 사회생활 하는 사람들도 회식이나 회의 등 모임을 지양하였다.

가정에서도 아이들은 집에서 대부분 생활하였고 놀이터나 집 근처를 돌아다니는 아이들과 학생들도 보기 드물었다. 외식이나 외출을 하지 않고 배달 음식을 시켜 먹거나 집에서 조리하여 먹고 생필품 등 물건 구매도 배달을 많이 이용하기 시작하였다. 외출 시에는 거의 대부분 사람들이 마스크를 착용하였고 마스크를 착용하지 않고는 매장에 들어오지 못하게 하는 곳도 있었다. 외출 후에는 손을 깨끗이 씻는 버릇이 모두 일상화되어서 환절기에 생기는 감기나 기타 질병 발생 비율도 많이 줄어드는 현상도 생겼다.

전 세계적인 사태로 인해 감염 우려로 국내 여행은 물론 해외여행 수요도 감소하게 되었다. 사람들의 이동과 외출과 외식이 감소하면서 소비가 줄고 이에 따라 자영업 매출에 타격을 줘서 많은 자영업자들이 어려운 상황에 빠지게 되었고 관련 업종의 직장인들도 무급휴직과 직장을 잃게 되는 경우도 발생되었다.

3월 12일 WHO(세계 보건기구)가 질병 경계수위 최고 단계인 팬데믹을 선언하였다. 국내의 바이러스 환자 급증 위기뿐만 아니라 전 세계적인 위기 상황이 도래한 것이다.

학교의 개학은 3월 23일에서 4월 6일로 그리고 다시 4월 9일로 4차에 걸쳐 연기가 되었다. 국내는 이 시점에 일일 확진자 수가 100여 명대로 내려갔지만, 아직도 그 수가 적지 않기도 하고 전 세계적인 유행에 따라 전혀 안심할 수 없는 상황이라서 학부모들은 대부분 등교를 원하지 않고 있었다.

3월 말이 될수록 국내 확진자 수는 대구 경북에서는 감소 추세였으나 수도권 등 지역에서는 점차 증가되고 있었고 특히 요양원이나 병원, 종교시설 등에서의 집단감염이 자주 발생되었다.

3월부터는 중국과 국내에서는 확진자가 감소 추세로 돌아섰으나 유럽과 미국 등 지역에서 엄청난 확진자들이 쏟아져 나왔다. 매일 매일 외신 뉴스를 보고 확진자 증가 도표를 보면서 국내의 문제만이 아닌 전 세계적인 위기 상황과 이에 따른 사회 경제적 문제가 대두될 것 같은 현실에 답답함을 느꼈다.

4월이 되었다. 평상시 보다 일찍 핀 벚꽃은 코로나바이러스에 아랑곳하지 않고 아름다움을 내뿜으며 사회적 거리두기를 하며 집 안에 있는 사람들을 유혹하고 있다. 하늘은 전 세계적 바이러스 유행에 따라 공장 가동이 줄어든 탓인지 미세먼지도 없는 맑은 하늘을 매일 연출하고 있다.

4월 4일 오랜만에 운동 삼아 자전거를 타고 들어오니 우리가 사는 곳에서는 나쁜 소식이 기다리고 있었다. 우리가 사는 지역에 확진자가 발생했다는 시 안내 문자를 스마트폰으로 확인하고 들어오는데 시에서 나온 방역차가 서 있고 방역 요원들이 지나다니고 있었다. 우리가 사는 아파트 옆 동에서 확진자가 발생하였다는 아내의 전화를 받고 상황들이 이해가 되었다. 시에서는 아파트 전체 동에 대하여 방역을 실시하였고 확진자가 발생한 인접 두 개의 동 주민에게 무료로 마스크를 두 매씩 배부해 주었다. 관리사무소에서는 세대 내 안내방송을 통하여 불필요한 단지 내 방문 등을 자제해 달라고 하였다.

평상시에는 그래도 반려동물과 산책하고 가벼운 산책을 하며 운동하던 주민들도 전혀 보이지 않아서 아파트 단지가 재난 영화 속 모습처럼 조금 섬뜩한 기분까지 들 정도로 적막해 보였다. 그래도 4월 들어서는 계속 확진자의 수가 100명대 이내로 발생하여 어느 정도 방역이 되고 있는 것 같아 다행이라는 생각이 들었다.

4월 둘째 주로 들어서면서 국내 확진자의 숫자가 50명대 이내로 발생되기 시작하였고 4월 10일부터는 30명대 이내로 줄어들었다. 이때 발생하는 많은 수의 신규 확진자는 미국이나 유럽 등 한창 확진자가 뒤늦게 폭증하고 있는 지역에서 들어오는 해외 입국자들이었다. 4월 9일 온라인 개학이 고3과 중3을 시작으로 시작되었다.

4월은 제21대 국회의원 선거가 있는 달이다. 나는 감염 위험이 있기에 아이를 집에 두고 정식 선거일 전 주 금요일 사전투표를 하고 왔다. 인근 주민센터로 가서 투표를 하였는데 사전투표율이 역대 최고를 기록하였다는 뉴스와 달리 투표 대기하는 사람들은 많지 않아서 그렇게 많이 기다리지 않고 투표를 할 수 있었다. 대기하는 줄이 길지 않아서인지 사람들이 서로 거리 두기를 하지 않고 가까이 붙어 서 있어서 이 부분이 좀 우려스러웠다. 투표장에 입장하기 전에는 체온을 재고 비닐장갑을 한 장씩 나누어 주었다. 투표하는 사람들과 투표장을 운영하는 모든 사람들은 마스크를 쓰고 있었다. 코로나가 가져다준 처음 겪는 투표소 풍경이었다. 코로나 확진자가 선거 전에 많이 줄어들어서 선거를 할 수 있게 된 것만 해도 다행이었다.

정식 선거일인 4월 15일에는 내가 투표할 때와 다르게 철저히 투표하려는 대기자들의 간격을 2m 이상 유지하고 있었다. 우리가 사는 아파트에서 내려다보이는 선거 장소인 아이의 초등학교에 투표하러 온 사람들이 마스크 쓰고 간격을 유지하며 질서 정연하게 대기하고 있는 모습이 이채롭게 보였다. 확진자는 계속 감소 추세를 보이면서 4월 중 후반부터는 10명대 이하로 발생하는 날이 많아졌다.

대부분 확진자는 해외유입 사례였는데 그러다가 5월 6일 용인에서 4주 만에 지역감염 확진자가 1명 발생되면서 확진자 숫자가 소폭 증가하게 되었다. 이 지역감염은 '사회적 거리두기'에서 '생활 속 거리두기'로 방침이 전환된 시점에 발생되었다. 이때부터 '이태원 클럽 코로나바이러스 집단감염 사건'이 커지면서 확진자 수가 다시 증가세로 돌아섰다. 이 때문에 학생들의 등교 개학 일자가 1주씩 더 연기가 되었다.

5월 20일은 고등학교 3학년 학생들의 등교일이었다. 코로나 사태 이후 첫 학생 등교였다. 이날 고등학생 확진자가 발생하여 인근 지역의 고등학생들의 귀가 조처가 내려지는 등 혼란한 모습을 보였다. 5월 27일은 고2, 중3, 초등 1~2학년과 유치원생들의 등교 및 등원이 있었는데, 이날도 일부 지역에서 학생 확진자가 발생하여 해당 지역의 학생들이 귀가 조처되었다. 6월 3일 고1, 중2, 초등 3~4학년이 개학을 하였고, 6월 8일 중1, 초등 5~6학년이 개학함으로써 모든 학년의 등교 개학이 마무리되었다.

국내는 지역감염이 매일 일정 수 유지되면서 발생되었고 코로나는 점점 일상이 되어가는 모습을 보였다.

코로나로 바뀐 아이의 일상생활
(학교 개학이 계속 연기되다)

2020년 1월부터 본격적으로 발생된 코로나바이러스로 인해 아이의 일상생활은 40년 넘게 살아온 나조차도 지금까지 한 번도 겪어보지 못했던 변화를 겪게 되었다.

가장 큰 변화는 역시 학교 신학기 개학이 연기된 일이다. 뉴스를 보니 육이오 전쟁 때에도 교육이 멈추지 않고 폐허 속에서도 교육은 이루어졌다고 하는데 개학이 연기되고 온라인 개학을 하게 된 것은 공교육 역사상 처음이라고 한다. 2월 한 차례 일주일 연기되었다가 다시 3월에 세 차례에 걸쳐 이주일, 이주일, 삼일 이렇게 추가로 연기되었다. 4월 9일부터 중·고등학교 3학년을 시작으로 순차적으로 온라인 개학을 실시한다고 한다.

개학을 못 해서 얼굴도 보지 못한 담임 선생님으로부터 한 차례 전화가 와서 아이가 통화를 했고 아내가 전화상으로만 인사를 나누었다. 2주간 개학이 추가 연기되면서 학교 알림장을 통해 휴업 기간 중의 안내자료와 가정학습 자료 등을 받을 수 있었다. 다시 추가로 2주간 개학이 연기되면서 일일 과제와 가정에서 할 수 있는 온라인 학습 사이트에 대한 안내를 받았다.

개학은 하지 않았지만 학교에 등교하는 것처럼 하루 중 잠깐이라도 책상에서 과제와 온라인 학습을 하도록 지도했다. 그래서 받아쓰기나 수학 일일 문제 풀이 같은 과제도 하고 노트북으로 EBS 교육 방송에 접속하여 아이에게 온라인 학습 사이트를 틀어줬다.

처음에는 좀 보나 싶었는데 아직 2학년 9살인 저학년이라 그런지 아니면 콘텐츠가 조금 심심했는지 집중력이 금방 떨어지는 것 같았다. 또 연관된 흥미로운 동영상들을 막힘없이 보려고 해서 오프라인 학습만 해 나가고 온라인 학습 사이트 시청은 잠시 멈추게 하였다. 아이가 온라인 게임을 하거나 애니메이션 등을 보는 것을 너무 좋아해서 노트북으로 온라인 학습하는 것은 얻는 것보다 잃는 것이 많은 것 같았기 때문이다.

이번에 같이 집에 있으면서 소소한 교육 아닌 교육을 시켜 보다 보니 부모가 자식을 교육시키는 것은 정말 어려운 것이란 것을 다시 한번 깨닫게 되었다. 부모는 자식의 행동을 객관적으로 보기 힘들고 감정이 이입되기 때문에 아이의 행동이나 결과에 감정이 들어가게 된다. 그래서 나는 교육 및 지도를 하다가 화를 내기도 하고 아이는 그에 따라 반항하게 되어 관계만 더 나빠지는 것 같다. 아무리 부모의 지식이 많아도 교육은 부모가 아닌 교육전문가인 다른 사람에게 맡기는 것이 부모에게도 아이에게도 더 좋은 것 같다.

4차 개학 연기는 추가로 3일 더 연장하여 4월 9일부터 중학교 3학년과 고등학교 3학년부터 단계적으로 온라인 개학을 한다고 하였다. 그 개학 방식에 따르면 아이는 초등학교 2학년으로서 가장 늦은 4월 20일부터 온라인 개학을 하게 되어있다. 온라인 개학 시 초등 1, 2학년 학생들은 교육 방송과 오프라인 학습 자료집을 가지고 공부를 한다고 발표가 되었다. 다행히 스마트 기기를 이용하지 않고 TV 방송과 자료들만 가지고 학습을 한다고 하니 스마트 기기의 폐해가 심한 요즘 교육환경에서는 좋은 방식인 것 같다.

코로나 여파는 사교육 시장에도 미쳤다. 사회적 거리두기 시행으로 인해서 사람들 간의 접촉을 최소화하는 분위기이기 때문에 그리고 공교육부터 개학이 연기되고 있는 상황이어서 사교육도 영향을 받아서 2월 마지막 주부터 사교육 학원들이 휴업에 들어갔다.

아이도 몇 가지 사교육을 받고 있었는데 모든 사교육 학원이 문을 임시적으로 닫았다. 휴업에 들어가기 전에도 학원 내에서는 손 소독제를 비치하고 마스크를 쓰게 하는 등 대응은 하고 있었으나 전국적인 바이러스 확진자 증가에 휴업을 하게 된 것이다.

학교 개학이 점점 더 뒤로 연기되었지만, 시간이 지남에 따라 다시 문을 여는 학원들이 생겨났다. 국가에서 휴업을 강요할 수 없고 자영업자인 학원 입장에서는 장기간 운영을 하지 않는 것은 경제적 손실이 크기에 계속 휴업을 할 수는 없는 상황이었고 일부 학부모들의 개원 요구도 있었다.

우리도 그 시점에서 학원을 다시 보내야 하는지 고민을 하였지만 아직은 사태가 진정되지 않았기에 학원을 한동안은 보내지 않기로 결정했다. 일부 학원에서는 새로운 방식으로 온라인으로 강의를 개설하여 듣게 하였다. 아이에게 한두 번 듣게 해 보았으나 처음에는 새로운 방식에 흥미를 느끼는 듯했으나 역시 집중도가 떨어져서 그것도 안 하는 것으로 했다. 국어 학습지는 선생님께 방문하시지 마시고 교재만 우편함에 두고 가시게 했다.

4월 초가 되도록 공교육과 사교육 어느 하나 시작되지 않고 있었다. 그나마 집에서 하고 있는 것은 담임 선생님으로부터 매일 오는 알림장의 과제와 이전부터 해오던 수학 연산과 국어 학습지였다. 그 외에 책방에서 책을 대여해서 평상시보다 좀 더 읽었다. 아이에게 독서록을 쓰게 해서 일정 목표에 다다르면 보상을 해주게 해서 스스로 책을 많이 읽게 했다. 아이는 책 읽는 것은 좋아하는데 스스로는 잘 읽지 않으려고 해서 아내와 내가 저녁 시간에 읽어주었다.

4월 8일 학교에서 교과서 배부가 있는 날이다. 감염 우려로 아이를 집에 두고 혼자 학교 운동장 지정된 장소에 가서 담임 선생님과 처음으로 얼굴을 보며 인사를 하고 교과서를 가지고 왔다. 서로 안부를 묻고 선생님께서는 아이에게 책을 많이 읽도록 해달라고 당부하셨다.

4월 9일, 중3과 고3의 온라인 개학을 시작으로 선거 다음 날인

온라인 개학으로 학교가 아닌 가정에서 수업을 듣게 되었다.

4월 16일부터 초등 1, 2, 3학년을 제외한 모든 초중고생이 온라인 개학을 시작했다. 4월 14일에는 본격적인 온라인 개학을 하루 앞두고 온라인 시범 접속 테스트인 '원격수업 파일럿 테스트'를 진행하였다.

아이는 초등 2학년이라서 4월 20일부터 온라인 개학을 하는데 이날 함께 온라인 테스트를 받게 되어있었다. 담임 선생님의 안내 문자를 받고 지시한 대로 아침 9시 학교에 등교하는 것과 동일하게 아이에게 마음의 준비를 시키고 수업에 임하게 하였다. 아무래도 오랫동안 학교에 가지 않았고 집에서 지내면서 해이해질 줄 알았는데 그래도 책상 앞에 앉아 수업 준비하는 모습을 보인다. 전국의 모든 같은 학년 친구들과 선생님도 참여하고 있다고 상기시켜 준 것이 도움이 된 것 같다.

'e학습터'라는 온라인 사이트에서 수업 진도를 파악하게 되어있었다. 우리는 9시 이전부터 접속을 해놓아서 쉽게 진행할 수 있었는데 오전 테스트를 마치고 다른 사람들의 이야기를 들어보니 접속이 어려워서 들어갈 수 없었다고 했다. 우리도 테스트를 마치고 진도 확인을 위해 잠깐 사이트를 나갔다가 다시 들어가려고 하니 접속이 폭주해서 당일은 다시 들어갈 수 없었다. 전국의 모든 학생들이 몰리는 상황이라서 발생하는 문제들이었다.

아이가 초등학교 저학년이라서 온라인 개학의 부담이 덜했다. 1교시 국어를 9시 30분부터 10시까지 진행하고 2교시 수학을 10시 30분부터 11시까지 각각 30분씩 진행했다. 국어와 수학은 EBS 방송 강의를 듣게 되어있었다. 그 사이 시간들은 휴식 시간과 3, 4교시 수업을 듣는 시간으로 활용하니 11시 수학 수업이 끝나자 모든 수업을 마칠 수 있었다.

온라인 사이트 접속 등의 문제 해결이 필요해 보였다. 아이는 첫 수업이라서 그런지 몰라도 의자에 엉덩이를 붙이고 앉아 있기는 했다. 다만, 온라인 수업이 장기화되면 어떤 모습을 보일지는 미지의 영역이라 상상할 수가 없었지만, 아이에게도 그리고 부모인 내게도 처음 가는 길이고 쉽지 않은 길인 것만은 분명해 보였다.

그나마 내가 휴직 중에 이런 변화가 있어서 우리는 다행이라고 생각했지만, 집에서 혼자 수업을 받아야 하는 맞벌이 가정 아이들은 잘 적응할 수 있을까 의문이 들기도 했다. 회사에 출근해야 하는 부모들은 회사에서 전화로 자녀의 온라인 학습을 체크하고 독려한다는 이야기를 들었다. 이 모든 것이 코로나바이러스 사태가 만든 낯선 풍경이 아닐 수 없었다. 테스트는 이렇게 마치고 본격적으로 4월 20일부터 정식 초등 2학년 아이의 온라인 수업이 시작되게 되었다.

아이도 부모도 낯선 온라인 개학은 순조롭게 이루어졌다. 초기 테스트 때 서버가 느려지던 문제도 해결되어 원활하게 수업을 받을 수 있었다. 처음에 오래 앉아 있기 힘들어하고 수업 흐름을 잘 모르던 아이는 조금씩 온라인 수업에 익숙해졌다. 점점 시간이 가면서 EBS 생방송 수업 시간을 잘 지키고 화면에 나오는 선생님의 지시도 잘 따르는 것 같다. 아이에게는 지금은 EBS 선생님이 담임 선생님인 것이다.

아이가 온라인 수업을 할 때는 EBS 생방송 수업인 국어, 수학, 봄, 안전한 생활 과목은 아이 혼자서 주로 듣고 나머지 영상을 조작해서 보고 과제를 하는 교과는 나와 함께 했다. 혼자서도 듣는 것은 어렵지 않지만, 과제의 일정 결과물을 부모의 도움 없이 완벽하게 해내는 것은 2학년으로서는 조금 힘들어 보였다.

5월 4일 초등 2학년 개학이 5월 20일로 결정되었으나 '이태원 클럽 코로나 집단감염 사건'을 여파로 학교의 개학이 기존 일정에서 1주일 미뤄져서 5월 27일로 변경되었다. 점점 길어지는 개학 연기로 1학기 개학이 힘들어지는 것 아닌가 생각이 들었다.

코로나 사태로 인해 사람들과 거리를 두다 보니 나와 아이 둘 다 어느 장소든지 방문을 잘 안 하게 되었다. 이발도 자주 하지 않게 되고 가더라도 마스크를 쓰고 가서 하게 된다. 다른 사람들의 상황도 비슷한 것 같다.

특히 병원은 되도록 가지 않게 되었고, 병원에 갈 만한 일을 만들지 않기 위해 위험한 행동은 하지 못하게 하고 특히 감기에 걸리지 않도록 주의했다. 집안에서는 습도를 높이고 온도 변화가 많지 않도록 했고 잘 먹고 잘 자도록 해서 면역력이 떨어지지 않도록 했다. 뉴스에서 보니 코로나로 인해 사람들이 마스크를 항상 쓰고 다니고 손을 잘 씻는 등 개인위생에 철저해져서 감기나 독감이 많이 줄었다고 한다. 나와 아이 역시 감기 한번 걸리지 않았다. 사람들과 거리를 두다 보니 서로 감염을 시키지 않는 이유도 있을 것이다.

아이의 일상의 장소는 좀 더 실내로 옮겨진 것 같다. 외식은 전혀 하지 않았고 사서 포장해서 가져오거나 배달을 시켜서 먹었다. 자주 가던 실내 키즈카페나 놀이동산은 가지 않고 학원도 가지 않고 거의 대부분의 시간은 집에서 보낸 것 같다. 집에서는 장난감을 가지고 놀거나 베란다의 식물을 키우고 물고기나 거북이를 키우면서 보냈다. 또 피아노 연주도 이 기간 무료함을 달래는 방법이었다. 아이가 피아노를 치면 나도 같이 따라 연주해보면서 나 역시 피아노를 통해 조금이나마 기분전환을 할 수 있었다.

실외 활동으로는 자전거 타기를 했다. 겨울 동안 춥다는 이유로 못한 두 발 자전거 도전을 했다. 뒷바퀴를 지지해주던 보조 바퀴를 떼어 내고 아파트 단지에서 혼자서 밀며 연습하다가 며칠 만에 스스로 두 발 자전거 타기에 성공했다. 뒤에서 잡아주지도 않고 배우는 방법을 자전거 수리점에서 듣고 그대로 했더니 쉽게 성공할 수 있었다. 두 발 자전거가 타기가 많이 익숙해지고 나서 하천변 자전거 도로로 가서 자주 자전거를 함께 탔다. 아이 자전거 바구니에 먹을 것을 싸가지고 가서 한적한 곳에서 점심도 해결하고 왔다.

다른 실외 활동은 등산이다. 집에서 나가면 바로 앞에 등산로가 있는데 코스가 아이가 가기에도 적당하여 운동 삼아 함께 자주 갔다. 주말에는 아내도 가고 아이의 조부모님과도 함께 다녀오곤 했다. 더 어릴 때는 반도 못 올라가서 업고 내려온 기억이 있는데 이제는 나보다 더 잘 올라가는 나이가 되었다.

이전해 늦가을부터 시작했던 캠핑을 겨울에 잠시 쉬고 봄이 되어 다시 시작하려니 코로나 사태가 발생했다. 우리는 차박 캠핑을 하기 때문에 사람들이 거의 없는 곳을 찾아다닐 수 있는 장점이 있었다. 마침 학교도 휴업 중이고 학원마저도 휴업이라서 정말 부담 없이 다녀올 수 있었다. 사회적 거리 두기를 하면서 캠핑을 몇 번 다녀왔다. 되도록 사람들을 마주치지 않기 위해 휴게소에서 음식을 먹거나 하지 않고 화장실만 마스크 쓰고 다녀오는 정도로 사람과의 만남은 최소화했다. 캠핑장에서도 화장실만 다녀오고 사람들과는 거리를 두었다. 맛있는 현지의 음식들을 먹을 수 없어서 아쉬웠지만, 상황이 안 좋다 보니 사 가지고 온 음식으로 해결하는 것만으로도 다행으로 여겨야 했다. 어서 상황이 진정되어 맘 편히 다닐 수 있는 날을 바라보았다.

5월 20일 고등학교 3학년의 등교가 시작되었다. 학부모들의 우려대로 고등학교에서 학생이 확진 판정을 받아 등교 당일 학생들이 다시 귀가 되는 등 여러 사건이 있었다. 아이는 다음 등교 차례인 초등 2학년에 해당하기에 뉴스에 신경이 쓰였다. 아이의 등교일은 교육부가 알려준 5월 27일이 아닌 28일로 정해졌다. 각 학교마다 학교장 재량으로 수업 일과 시간을 정하게 했는데 아이가 다니는 학교에서는 주 1회 등교, 각 반별 홀·짝수 교차 등교를 기준으로 정했기 때문이다. 아이는 짝수여서 28일 등교하게 되었다.

학교에 등교시키지 않고 '학교장허가 교외체험학습'을 신청하고 등교를 안 하고 가정에서 온라인 수업을 계속 듣는 학생들도 있었다. '학교장허가 교외체험학습'은 원래 20여 일이었으나 이번 코로나 사태로 40일까지 늘어났다. 코로나 위험을 사유로 이 체험학습을 사용할 수 있게 지침을 변경하였다. 우리는 아이를 등교시키기로 결정하고 급식도 먹고 오도록 했다.

몇 달-작년부터 계산하면 약 오 개월-만에 학교에 가는 아이의 책가방을 쌌다. 기본적인 학습 도구들 뿐 아니라 온라인 수업 시 작성해서 제출하는 과제물, 코로나로 인해 추가된 물품들-마스크, 개인 물병, 물티슈, 화장지-을 넣으니 초등학생 가방이 어른 가방보다 무겁다.

아이에게 몇 번씩 학교 등교 시부터 하교 시까지의 주의사항을 교육했다. 학교 등교 시 동선, 교실에서 이야기 나누지 않기, 친구와 접촉하지 않기, 급식 시간 말하지 않기 등등이다. 학교에 가면 선생님들이 다시 지도하겠지만 코로나 사태로 민감한 시기이므로 더욱 조심하도록 지도했다.

드디어 등교일이다. 평상시에는 온라인 학습이 시작되기 전까지 빈둥거리며 늦게 일어나곤 했지만, 오늘은 일찍 깨워서 준비를 시

컸다. 무거운 책가방을 메고 교문을 지나 학교 건물로 들어갔다. 초등학교 1학년 학생도 오늘 등교일이어서 처음 초등학교를 보내는 학부모들이 아이를 배웅하느라 많이 따라오셨다. 초등 1학년 학부모 한 명만 건물 앞까지 따라갈 수 있었고 2학년은 학생 혼자 들어갈 수 있었다.

하교할 때는 회사를 조퇴한 아내가 아이를 데리고 왔다. 이렇게 긴장된 첫 등교를 마쳤다. 학교 구성원들은 더욱 긴장된 하루였을 것이라고 나 역시 교육기관에 근무하기에 미루어 짐작할 수 있었다. 몇 달 만에 제자들을 맞이하는 선생님들은 반가움과 긴장이 겹치는 날이었을 것이다.

그 후 등교는 주 1회씩 계속되었다. 같은 반 가장 친한 친구가 홀수여서 견우와 직녀처럼 학교에서는 절대 만날 수가 없었다. 이런 모습의 학교생활이 언제까지 계속될지 아무도 알지 못했다.

4장

아이와 보내는 행복한 순간들
(아이의 사생활 속으로)

체험학습 버킷리스트 만들기

1학년 1학기가 끝나가는 초여름부터 육아휴직에 들어갔다. 태양은 머리 위에서 뜨겁게 작열했지만, 아이와 함께 소중한 시간을 보낼 수 있게 된 것에 감사하며 하루하루를 보내기 시작했다. 하루하루 지나갈수록 육아휴직이라는 1년의 기간이 너무 아까웠다. 내게는 정년 때까지 일하게 된다면 어쩌면 마지막일지 모를 휴직이라는 시간이며, 아이가 나의 손을 필요로 하는 마지막 순간일지 모른다는 생각에 하루도 허투루 보낼 수 없겠다는 생각이 들었다.

주위의 학부모 선배들의 이야기를 종합해보면 대체로 초등 2, 3학년 때부터는 친구들과 지내는 시간이 늘어나면서 부모와 지내는 시간이 줄어든다고 했다. 그래서 내가 휴직하게 되는 기간이 아이와 가장 많은 시간을 보낼 수 있고 또한 아이도 부모를 그나마 잘

주제	장소
전기차타고 발전소 가보기	시화조력발전소
애국가 속 남산 가보기	남산
서울대학교 가보기	서울대학교, 규장각
미술관 가서 미술 감상하기	서울대학교 미술관
박물관 가서 유물 감상하기	화폐박물관 지질박물관 국립과학관
악기박물관 가보기	프라움악기박물관
천문대가서 별보기	별마로천문대
평일에 캠핑하기	선감학생수련원
대통령 만나기	청와대
작가와의 만남	학교

육아휴직 초반 작성했던 우리들의 버킷리스트

따르는 시기인 것이다. 많은 추억을 만들고 싶은 욕심만 앞서서 아이와 함께할 체험학습 버킷리스트를 만들었다.

생각나는 대로 그동안 휴직하면 아이와 하고 싶었던 일들을 적었고 휴직 기간 동안 가짓수를 더 늘려가기도 하고 여건이 안 될 경우 줄이기도 하였다. 또 장소 역시 처음 계획했던 장소가 아닌 다른 곳으로 변동되어 목적을 이루기도 하였다. 상황에 따라 변하는 유동적인 버킷리스트였던 것이다.

나는 캠핑이나 자연으로 떠나는 모험을 좋아한다. 그러면서도 장비를 많이 들고 떠나는 것보다 생각날 때 가볍게 떠날 수 있는 여행을 추구했다. 또 아직은 어린 초등 1학년인 아이를 데리고 다니기 때문에 일정을 길게 잡거나 장소를 너무 멀게 잡거나 편의시설이 너무 불편한 곳도 잡을 수 없었다. 또한, 휴직하고 있는 집안 경제의 사정을 생각하여 많은 비용이 드는 여행도 할 수가 없었기에 현실적인 수준에서 계획하게 되었다. 아이는 나와 성향이 비슷하여 모험을 좋아하고 새로운 곳에 가는 것을 좋아하여 의기투합하여 버킷리스트를 하나하나 이뤄나갈 수 있었다. 아이보다 내가 더 좋아하는 여행이었던 것 같기도 하다.

아이 일상 파악하기

시간표 짜기

  초등 1학년의 일상은 얼핏 보면 단순해 보이지만 나름 어른 못지않게 바쁜 일상을 보낸다. 휴직하고 나서 아이와 꼭 함께하고 싶은 버킷리스트를 작성하기 전에 먼저 했던 일이 1학기 시간표 작성이었다. 아이의 일상을 파악해야지 그것에 맞게 내 일상을 계획할 수 있었기 때문이다. 시간표의 대부분은 사교육 시간표라고 해야 할 것 같다. 어느 학원 갔다가 다음 어느 학원으로 데려다주는 그런 시간표였다.

  우리 아이도 주위 친구들을 따라 1학년 때부터 몇 가지 사교육을 받고 있었다. 우리나라의 자녀 교육은 대부분 엄마가 챙기는 것처럼 우리 집도 아이의 교육 계획은 아내가 챙겼었다. 교과 과목 및 예체능 수업이 그것인데, 그래도 내가 직장에 다닐 때는 큰 부담으로 느껴지지 않았던 사교육 비용이 내가 휴직을 하자 큰 부담으로 다가왔다. 그래서 최대한 줄여보고자 해서 아이의 흥미가 부족한 과목들은 몇 가지 정리를 하였다. 맘 같아서는 대부분 줄이고 싶었으나 아이가 일단 흥미가 있고 하고 싶어 하는 욕구가 강해서 더 이상의 정리는 할 수가 없었다. 또한, 내가 휴직한다고 해서 아이의 중요한 시기의 교육을 망칠 수는 없다는 생각도 들었다. 휴직 기간 동안 적으나마 육아휴직 수당도 나온다는 사실도 반영되었다.

그렇게 정리된 사교육들의 시작 시각과 끝나는 시각에 맞춰 데려다주고 다음 학원에 데려다주고 집에 데려오는 시간표를 정리했다. 같은 과목이라고 해도 매일 시작 시각이 다른 것도 많아서 시종 시간 암기하는 것도 시간이 좀 걸렸다.

여름으로 향하는 7월에 집을 오르내리며 시간에 맞춰 데려오고 데려가는 것도 쉬운 일은 아니었다. 직장에 있으면 휴대전화 만보계로 천 걸음도 못 걷는 날이 많은데 집에 있으니 기본 육천 걸음에 많이 걸으면 만 걸음은 가볍게 찍었다. 나중에는 매일 걷기 운동한다는 생각으로 열심히 다니니 더 건강해진 느낌이었다.

시간표는 학기 중만 만들 필요가 있는 것이 아니다. 방학 중 시간표가 더 중요하다. 방학 중에는 오전에 학교 수업을 안 하기 때문에 아이와 같이 있는 시간이 더 늘어나기 때문에 시간표를 더 잘 짜야 한다. 학기 중 사교육 시간이 그대로 가는 과목도 있고 방학 때는 시간이 변경되는 과목도 꽤 많다. 방학 중 휴가로 인한 수업 결손의 보강 시간도 새로 잡아야 하기도 한다.

학교장허가 교외체험학습 활용하기

　초등학교에는 학교장허가 교외체험학습이라는 제도가 있다. 초등학생을 자녀로 둔 학부모들만 아는 제도이다. 우리 때에는 여름 겨울 방학 봄 방학 그리고 주말 외에는 모두 학교에 의무적으로 다녀야 하는데 요즘에는 1년에 20여 일까지 학교장의 허가를 맡으면 체험학습 견학 활동 가족여행, 친인척 방문을 할 수가 있다.

　남들이 쉬지 않는 평일에 아이와 함께 체험학습 견학 활동을 하면 어디를 가더라도 혼잡하지 않게 여유 있게 다닐 수 있어서 좋다. 또 평일에 명절 연휴를 피해서 아이와 함께 할머니 할아버지 댁에 다녀오는 것도 좋다. 교통도 막히지 않아서 고향이 멀리 있어서 한 번 내려가기가 시간이 안 났던 가족에게도 좋은 기회가 된다.

우리들은 육아휴직 전에는 부모님 생신 때 학교장허가 교외체험학습 신청서를 내고 고향에 다녀온 적이 있었고 육아휴직을 시작하자마자 바로 아이와 함께 체험학습에 활용하였다. 아이의 학교와 학원의 시간이 매일매일 짜여 있어서 하루 이틀을 통째로 내야 하기 때문에 미리 계획을 세우고 학원 등은 보강 계획 등을 잘 세워야 했다. 우리 같은 경우는 학원 스케줄을 짤 때 일주일의 특정 요일은 비워둬서 그날을 체험학습일로 잡았다. 월요일은 많은 공공 박물관 미술관들이 휴관이므로 되도록 다른 요일을 체험학습일로 잡으면 좋을 것 같다.

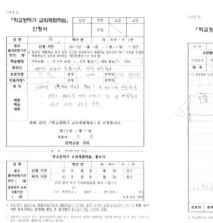

학교장허가 교외체험학습 실시 전과 후에는 신청서와 보고서를 작성해야 한다.

동물 키우기
식물 기르기

    아이들은 동물을 좋아한다. 싫어하는 아이도 있지만 대부분 아이들은 동물들을 무서워하기도 하면서 좋아한다. 부모들은 동식물을 체험해주기 위해 동물원에도 데려가고 곤충박물관, 식물원 같은 곳도 방문한다. 여기서 더 나아가면 집에서 동물이나 식물을 키우고 싶어 한다. 이때부터 가정마다 다양한 반응이 나온다. 어떤 부모는 동·식물을 너무 싫어해서 절대로 못 키우게 하고, 식물만 괜찮다는 부모도 있을 것이고 둘 다 괜찮지만 허용할 수 있는 종류를 못 박기도 한다. 어느 집이든지 키우고 싶다고 모든 동식물을 키우는 가정은 없을 것이다.

    우리 집에서는 물고기나 수생동물 그리고 손이 많이 안 가는 조그만 동물은 허용하였으나 아내는 집안에 동물 기르는 것을 싫어

했다. 그래도 아빠인 내가 관리를 잘하면 반대하지는 않았다. 그렇게 해서 아이가 처음 키운 것은 물고기였다. 언제인지 기억은 안 나지만 아이가 꽤 어릴 적 구피랑 열대어 한 마리를 사다가 키웠다. 열대어는 곧 죽고 구피만 살아남아 번식에 번식을 거듭하여 지금 많은 개체 수로 번성하고 있다. 물고기만 키우다가 내 고향에 방문했을 때 바닷가에서 육지로 나온 바닷게 한 마리를 잡아서 집으로 가져왔다. 꽤 오랫동안 생존했고 아이를 설득해서 다시 놓아주었다. 7살 때 친구들이 햄스터를 키운다는 것을 듣고 며칠을 애원하기에 햄스터 한 마리를 사줬다. 매일 밥도 주고 만지고 쳐다보고 지내다가 어느 날 움직이지 않는 것을 발견했다. 먹이도 잘 주고 물도 잘 주고 청소도 잘해줬는데 너무 빨리 죽어서 아이는 많이 슬퍼했다. 아마도 나이가 많은 햄스터를 구매한 것 같았다. 아이와 함께 집 근처 공터에 햄스터를 묻어줬다.

8살이 되어서는 누가 기르는 것을 보고 왔는지 거북이를 기르고 싶다고 했다. 나도 키워본 적이 없고 파충류여서 좀 꺼려졌지만 하도 성화여서 한 마리를 사 가지고 왔다. 기본적인 장비도 갖추고 키우는데 생각보다 냄새도 안 나고 먹이 주는 것도 힘들지 않았고 키우는 재미가 있었다. 지금은 꽤 성장하여 처음 살 때 보다 두 배는 큰 것 같다. 우리 집에 사람 빼고 가장 고등 동물은 이 거북이다. 형제가 없는 아이로서는 가장 친근한 동물이 거북이인 것 같다. 2학년이 되면서 그리고 코로나로 학교를 못 가는 생활이 계속되면서 거북이에게 더욱 애착을 느끼는 것 같았다. 큰 소음을 내거나 수조를 툭툭 치며 놀라게 하고 만져보려고 하는 등 거북이

아이가 제일 좋아하는 거북이의 새끼 때 모습

를 못살게 굴어서 아내와 나는 못 괴롭히도록 주의를 여러 번 주었지만 잘 고쳐지지 않았다. 남자아이들이 간혹 가지고 있는 자기보다 약한 동물을 괴롭히고 싶어 하는 마음인지 모르겠다. 그러다 문득 형제가 없는 아이가 이 거북이를 형제나 친구처럼 생각하고 있는 건 아닌가 하는 생각을 하게 된 후로 너무 야단을 치지는 않았다. 아이도 점점 시간이 지나면서 동물도 괴롭히면 힘들겠다는 공감 능력도 생기는 듯 보였다. 고양이나 강아지를 키우자고 자주 이야기하지만 이건 아내에게 그리고 나도 절대 반대이므로 아이도 계속 고집하지 않는다.

아이는 나를 닮아서 식물 기르기에도 관심이 많다. 보유하고 있는 식물이 많지는 않지만 아이는 어릴 적부터 베란다에 나가서 바지가 다 젖도록 식물에 물 주고 청소하는 것을 좋아했다. 초등학생이 되어서도 물 주는 것을 좋아해서 우리 집 식물들은 무성히 자라고 있다. 학교 수업 시간 실험재료인 나팔꽃과 봉선화 씨앗을 가져와서 천정에 닿도록 줄 타고 기르고 콩나물도 많이 키웠다. 아이가 2학년이 되는 봄에는 여러 번 이사하면서도 손보지 못했던 화분들을 정리했다. 코로나바이러스 유행으로 밖에 자주 나가지 못하는 시간은 화분을 정리하기 좋은 기회였다. 화분들 속의 식물들은 어른처럼 쑥쑥 자라 있는데 화분은 식물이 어릴 적 담겨있던 그대로여서 중심이 안 잡혀서 걸핏하면 쓰러지고 보기만 해도 갑갑해 보였다. 그동안 너무 좁은 곳에 갇혀있었을 식물들에게 미안했다. 아이와 마트에 가서 화분을 몇 개 사서 분갈이를 해줬다. 식물들뿐만 아니라 보는 우리들의 기분도 상쾌해졌다.

부모들이 동식물을 싫어하지 않고 육아휴직을 해서 시간이 여유도 있다면 아이가 좋아하는 동물이나 식물 몇 가지 길러보는 것도 산 교육이 되는 것 같다. 나 같은 경우는 집에서 어렸을 적 못 길러본 거북이나 물고기를 아이로 인해 길러보면서 재미있었던 것 같다.

두 발 자전거 배우기

TV 드라마나 영화를 보다 보면 아이가 두 발 자전거를 처음으로 배워서 혼자 타는 장면이 감동적으로 그려지며 자주 나온다. 나는 어떻게 두 발 자전거를 탔는지 기억이 없다. 다만 누가 도와주거나 지켜봐 주지 않고 혼자서 끌고 다니다가 탔던 것 같다. 그래서 내 아이의 두 발 자전거 배우기는 내가 꼭 지켜봐 줘야겠다는 마음을 항상 가지고 있었던 것 같다.

아이의 자전거 역사는 이렇다. 아이가 어릴 적 세발자전거를 사줬으나 한 번도 제 발로 타지는 않았고 유모차와 병행하여 아이를 태워서 밀고 다니는 용도로 사용했다. 그 후 킥보드를 아이의 삼촌이 사줘서 신나게 타고 다녔다. 그래서 더욱 세발자전거와는 인연이 멀어졌다. 킥보드를 타다가 이마를 벽에 부딪혀 이마가 찢어져

종합병원 응급실에서 전신마취 후 수술을 하는 일을 겪은 후로 킥보드는 타지 않았게 되었다. 그 후 아이의 조부모님께서 사주신 두 발 자전거를 뒤에 보조 바퀴를 달고 네 발 자전거로 타기 시작했다. 간혹 아내와 내가 주말이나 시간이 날 때 아이와 함께 자전거를 끌고 나가서 즐겁게 탔다.

아이가 1학년 때 육아휴직을 하고 나서도 자전거를 많이 타지 못했다. 아이는 학교로 학원으로 어른만큼 바쁜 일상을 보냈고 여름 방학도 더운 날씨로 인해 자전거를 거의 타지 못했다. 아이의 자전거의 바퀴는 새것인 것 마냥 애처롭게 깨끗해 보였다. 그렇게 가을이 지나고 겨울 방학이 되었고 겨울은 추위로 인해 더욱 자전거를 타지 않았다. 또 겨울 방학 들어가기 직전 아이가 넘어져서 무릎이 찢어져서 봉합 수술을 하는 바람에 더욱 타지 못하게 되었다.

봄이 다가오면서 아이를 데리고 자전거를 타러 다니기 시작했다. 주로 하천을 따라가는 자전거 도로에서 탔다. 그러다가 아이가 보조 바퀴를 달고 자전거를 타는 것이 친구들 보기에 창피하다면서 보조 바퀴를 떼고 싶다고 했다. 그래서 유난히 겨울이 춥지 않았던 2월에 자전거 샀던 곳에 가서 보조 바퀴를 떼고 왔다. 거기서 일하시는 분께서 두 발 자전거 배우는 방법을 알려주셨다. 흔히 보듯이 뒤에서 잡아주면서 가르치지 말고 혼자서 발을 구르면서 끌면서 배우면 부모도 힘들지 않고 더 빨리 배울 수 있다고 하셨다. 만약 그때 그분 말을 못 들었다면 아마 영화나 TV 드라마 장면처럼 뒤에서 잡아주면서 가르치는 풍경을 연출했을 듯싶다. 아이는

생각보다 빨리 두 발 자전거 타기를 배웠다.

2월 두세 번 연습을 한 후에 3월 초에 캐나다에서 공부하고 돌아온 삼촌을 6개월 만에 만나는 날 갑자기 혼자서 두 발 자전거를 타기 시작했다.

학교 운동장에서 두 발 자전거 타기를 안전하게 며칠 더 연습하고 나서 하천가 자전거 도로에 나가서 자주 탔다. 조금 힘에 부치는 거리도 가보면서 다리 힘도 길러 주었다. 두 발 자전거 타기에 성공해서 운동장에서 자전거를 처음 탈 때는 할아버지께서 응원하러 오시기도 하셨다. 휴직 기간 동안 아이에게 두 발 자전거를 빠르고 안전하게 배우게 해 준 것은 참 잘한 일이었다고 생각이 든다.

아이는 이제 기어가 달린 내 자전거를 부러워하면서 다음번에는 기어가 달린 멋진 자전거를 사달라고 벌써 조르고 있다.

5장

아이와 함께 떠나요

아빠, 애국가에 나오는
남산은 어디 있어?

    육아휴직에 들어간 직후였다. 육아 휴직하면 하고 싶었던 일들을 실행시키고 싶어서 의욕이 가득한 상태였다. 그즈음 아이가 애국가 배우기에 열심이었다. 잘 발음이 안 되는 애국가를 틀려가면서 부르는 것이 무척 귀여웠다. 애국가를 부르는 아이에게 재미로 물었다. "민준아, 네가 지금 부르는 노래 속에 나오는 남산이 어디 있는 줄 알아?" 아이는 당연히 알 리가 없다. "몰라" 그때 갑자기 아이에게 남산의 실제 모습을 보여주고 싶었다. 이것이 체험학습의 목적이 아닌가. 남산에 가는 것으로 체험학습 장소를 정하고 가는 김에 서울에 가볼 만한 체험지를 생각해봤는데 많은 부모들이 생각하는 것처럼 아이가 공부하는데 자극이 되었으면 하는 바람에서 서울대학교를 같은 날 방문지로 선택했다. 서울대학교는 우리나라에서 제일 유명한 대학이고 서울대학교 안에는 규장각, 박물관, 미술관도 있어서 함께 둘러봐도 좋을 것 같았다.

아침 일찍 우리 둘은 가벼운 마음과 차림으로 차를 몰고 남산으로 향했다. 남산을 케이블카를 타고 올라갔다. 오전부터 체험학습 온 초등학생들과 외국 단체 관광객들로 붐볐다. 나도 아이 덕분에 처음으로 남산에 올랐다. 결혼 전 서울에서 생활할 때 근처는 지나가 봤지만 올라가 보지는 않았던 것이다. 아이 덕분에 나도 내가 좋아하는 여행을 하니 좋았다. 전망이 좋아서 남산에서 청와대까지 보였다. 나중에 저기도 가보자고 약속했다. 이미 버킷리스트에 청와대 방문을 넣어 놓은 상태였다. 남산 케이블카를 타고 내려온 며칠 뒤 케이블카 운행 중 실수로 멈추는 것을 놓쳐서 많은 사람이 다쳤다는 뉴스를 보고 깜짝 놀랐다. 다행히 사망사고까지 나는 큰 사고는 아니었지만 그래도 우리가 며칠 전 다녀간 곳에서 사고가 났기에 좀 놀랐었다. 남산 케이블카를 타고 다시 내려오니 점심 식사 시간이었다. 계획은 서울대학교에 가서 학생들과 함께 구내식당에서 밥을 먹으려고 했는데 시간이 너무 흘러서 남산 돈가스를 먹기로 했다. 기대했던 맛은 아니었지만, 요기하고 서울대학교로 향했다. 가는 도중 아이가 잠들었다.

서울대학교에 도착하여 규장각을 찾았으나 주차 차단막이 막고 있어 들어가지 않고 서울대학교 미술관을 먼저 방문했다. 안전에 관한 주제의 작품들과 어린 학생들의 미술 작품을 전시하고 있었다. 규모가 크지 않았지만 색다른 관람이었다. 미술관 1층에 있는 카페에서 시원한 스무디를 나눠 먹고 걸어서 근처에 있는 서울대

남산에서 바라본 서울, 날씨가 좋아서 청와대까지 볼 수 있었다.

학교 박물관에 갔다. 근데 수리 중인지 문이 굳게 닫혀있었다. 아쉬운 발걸음을 뒤로하고 서울대학교 규장각을 향했다. 조선왕조실록 및 유명인들의 고문서들이 전시되어 있었다. 전시실 규모는 크지 않았지만, 의미 있는 장소 같았다. 거기서만 파는 왕 행차도가 그려진 종이테이프를 사지 못해서 두고두고 아이의 핀잔을 듣고 있다. 서울대학교 매점을 방문하기로 했는데 거기서는 그 테이프를 팔지 않았던 것이다. 매점에서 기념품으로 지우개를 사 가지고 집으로 돌아왔다. 육아휴직 후 첫 체험학습은 이렇게 끝났다. 하루 한나절 여행이었지만, 학창 시절 어떤 여행보다 즐거웠고 기억에

새록새록 남는다. 아이의 기억 속에서도 즐겁고 유익한 여행으로
기억되었으면 좋겠다.

차박 캠핑 갈까?
별자리 보러 가자!

아이가 태어나고 나서 아이와 관련되어서 가장 먼저 산 책들은 각종 육아 참고 서적들이고 인문 서적으로는 별자리 관련 천문학 도서가 있다. 생뚱맞지만 '아이가 조금 크면 같이 별자리 보러 다녀야지'라는 생각에서 산 책이다. 아이에게 알려주려면 아빠가 잘 알아둬야 할 것 같아서였다. 책 제목도 "아빠, 별자리 보러 가요" 이런 식이었다. 사실 구매 후 책을 거의 읽지 못했다. 사두고 8년이 흘렀으니까 책의 존재 자체도 잊혔고 나도 바빴으니까. 하지만 아이와 별자리 보러 가는 것에 대한 의지는 마음속 깊이 남아있었다.

나는 어릴 적부터 지금까지 우주, 별 같은 천문 및 우주여행, 우주인, 스타워즈, SF영화 같은 소재를 너무 좋아했다. 하지만 깊은 공부로는 이어지지 않았고 다만 겉핥기식의 흥미 위주의 활동만 했다. 고등학교 때 몸이 좀 아파서 입원했을 때 누군가 사다 준 과학동화라는 과학 잡지에 나온 별자리 이야기들을 보며 흥미를 더 가지게 되었지만, 주요 별자리 몇 개 정도 아는 것 그리고 우주에 대한 기본 소양 정도에 그쳤던 것 같다. 영화 "콘택트"를 보면 주인공이 어릴 적 아버지와 함께 별을 보는 장면이 있다. 내 아이에게도 저런 추억을 만들어주고 싶었다. 꿈을 꾸게 하고 싶었다. 그래서 아이가 초등에 들어갈 즈음부터 천문대를 검색해봤다. 그중에서 강원도 영월군에 있는 별마로 천문대가 괜찮아 보여서 가려고 했는데 장기간의 공사로 사용이 금지되었다. 다른 천문대를 찾아보기로 했다.

휴직하기 전 일이지만 차를 바꿀 시기가 되었는데 생각지도 않게 전기자동차를 구매하게 되었다. 차는 작지만, 전기로 움직인다는 점이 나의 지적 호기심을 자극했고 결국 구매하게 되었다. 아이도 너무 좋아했다. 충전하는 날이면 따라와서 본인이 충전한다고 나섰다. 전기차는 기존 내연기관 차와는 다르게 전기를 풍부하게 쓸 수 있어서 여행 중 차량 내에서 숙박하는 소위 '차박' 하기에 좋다는 정보를 알고 있었다. 아이와 더 추워지기 전에 차박에 도전해 보기로 했다. 장비를 최소화해서 준비를 했다. 차박 준비하면서 장소를 알아봤는데 강원도 평창에 은하수와 일출 일몰 보기 좋고 경치가 스위스 풍경 같다는 강원도 평창군 청옥산에 있는 '육백마지기'라는 곳이 인기가 많았다. 은하수와 별을 보는 데 좋다는 후기들을 보고 예전부터 가지고 있던 아이와 별 보러 가려는 계획을 이루기 위해 그곳으로 가기로 했다. 차박도 하고 별도 보고 두 가지 버킷리스트를 한 번에 이룰 수 있는 것이다.

육백마지기에는 화장실 외에는 아무것도 없다는 이야기를 듣고 거기서 먹을 간단한 저녁으로 빵과 음료수 과일 등을 챙겨서 아내의 배웅을 뒤로하고 둘만의 장거리 여행을 떠났다. 이번에는 처음으로 둘이서 자가용으로 하는 장거리 여행이면서 차에서 자는 엄청난 경험이 기다리고 있었다. 나도 차에서 자는 것은 태어나서 처음 해 보는 경험이다. 아이가 나와 성향이 비슷해서 먼 곳도 잘 따라다녀서 다행이었다. 이번 여행의 목표는 먼 곳을 가기도 하고 처음 해보는 차박이어서 안전하고 건강하게 다녀오는 것으로 잡았다.

가는 도중 중간중간 휴게소에서 쉬며 평창에 도착했다. 목적지는 지금부터 시골 그리고 산으로 이어지기 때문에 평창에서 점심을 먹고 산에 오르기로 했다. 작년 동계올림픽의 고장 평창의 올림픽 장터에서 TV에 나온 맛집이라는 시장 음식점에 가서 메밀 부침개와 처음 먹어보는 메밀국수를 먹었다. 아이는 메밀 부침개를 맛있어했다. 아이는 먹는 것보다 메밀전 수수 전 등을 부치는 모습을 유심히 보면서 관심을 가졌다. 이제 육백마지기로 갈 차례다

해발 1,000m 이상인 목적지로 가는 시간은 의외로 오래 걸렸고 마지막 도로 구간은 포장이 안 되어있어서 거북이 운전을 해야만 했다. 비포장 먼지를 뚫고 도착한 목적지는 너무 멋졌다. 이 높은 곳에 관광버스까지 올라오고 있었고 관광객들이 계속해서 드나들고 있었다. 아이와 함께 우리는 자리를 잡고 먼저 차 속에 잘 수

있는 자리 배치를 했다. 날씨가 갑자기 조금 추워졌고 해발고도가 높아서 은근 걱정했는데 산 밑과 그렇게 기온 차가 심하지 않아서 다행이었다. 우리 차량이 주차된 주차장에는 여러 차량과 사람이 올라오고 내려가기를 반복했다. 우리도 육백마지기의 풍력발전기들 주변을 산책하며 사진을 찍었다.

　저녁이 가까워지자 하늘이 주황색으로 물들기 시작했다. 석양과 일몰을 찍으려는 사람들이 자리를 잡았다. 별 볼 생각만 했지 일몰이 이렇게 멋진 곳이라고는 생각지 못했는데 석양이 장관이었다. 마음을 따뜻하게 해주는 석양이었다. 집에서 올 때 카메라를 두 대 가지고 갔다. 한 대는 DSLR 카메라였고 한 대는 일명 '똑딱이'로 불리는 하이앤드 카메라였다. 둘 다 삼각대를 가져갔다. 한 대는 내가 찍고 한 대는 아이에게 줘서 찍게 했다. 아이는 핸드폰 카메라만 만져보다가 처음 만져보는 사진기를 열심히 찍어댔다. 해가 지고 넘어간 해의 석양이 아직 하늘에 걸쳐있을 때 우리는 차에 들어와서 간단한 요기를 했다. 이제 관광객들은 모두 떠났고 이곳에서 숙박할 사람들은 잠자리를 준비했다. 해의 기운이 모두 사라지고 하늘에는 드디어 하나둘 별들이 나타나기 시작했다. 계속 그 자리에 있었지만, 햇빛에 가려 보이지 않던 별들과 은하수가 머리 위로 나타났다. 아이는 여기 오기 전날 집에서 본 중요 별자리 들을 머릿속으로 상기하고 하늘을 손으로 꼽으며 찾아보았다. 그날 찾은 것은 카시오페이아 북두칠성 북극성이었다. 난 시력이 안 좋아졌는지 큰 별자리들과 은하수를 보는 데 만족했다. 은하수 사진을 남기려 시도했는데 사진 연습도 안 하고 가서 사진도 잘 안 찍

육백마지기 정상에서 바라본 일몰은 장관이었다.

히고 아이가 춥다고 차에 들어가자는 바람에 제대로 된 별 사진도
찍지 못했다. 하지만 아이가 하늘에는 원래 별이 무수히 많구나 라
는 것을 알게 되었고, 아이가 아는 별 한두 개는 친구처럼 맺어준
것 같은 기분이 들었다. 아이는 하늘의 별을 이불 삼아 차에 누워
서 해가 뜰 때까지 별의 속삭임을 들으며 잠들었다. 기대만큼 편한
잠자리도 아니었고 별 사진도 못 찍었지만 아이 마음속에 아름다
운 장면으로 남아있었으면 좋겠다.

　다음 날 평창 시내에서 아침을 먹기로 했는데 아침 식당 찾기가
하늘의 별 따기처럼 어려웠다. 간신히 아침을 먹고 평창에 온 김에
양 떼 목장을 방문했다. 아이는 동물과 식물을 좋아한다. 겁이 많
지만, 호기심이 많다. 양 떼에게 먹이 풀을 줄 때도 물릴까 봐 몇
번을 시도했다. 손바닥에 풀을 놓아두면 양이 입술로 집어서 먹는
다고 안내받았는데 아이는 물릴까 봐 손가락으로 먹이를 집어서

줬다. 몇 번 시도 끝에 손바닥에 풀을 놓고 양의 입술을 손바닥으로 느끼며 줄 수 있었다. 새로운 동물에 대한 아이의 막연한 두려움이 자연스럽게 극복될 수 있었던 양 떼 먹이 주기 체험이었다.

집으로 돌아오면서 고생한 아이에게 횡성에서 갈비탕을 사줬다. 피곤해하면서도 아주 맛있게 먹었다. 생각해 보니 여행 내내 밥 다운 밥을 제대로 먹이지를 못한 것 같았다. 다음번 여행 때는 먹는 것도 잘 챙겨주리라 다짐해보았다. 가족들 선물로는 안흥찐빵을 준비했다.

아이와 같이 다니는 여행은 먹는 것 하나 움직이는 것 하나 모든 것이 체험이며 모험이며 교육이다. 둘이 함께 결정하기도 하고 아이의 조언도 들으며 아이의 자존감도 올라가고 의견이 다를 때는 둘 사이의 타협점도 찾으면서 아이는 어려움도 해결하는 능력을 얻는다. 아빠와 함께한 경험들이 아이의 인생을 풍요롭게 하고 정신적 유산으로 남기를 바란다.

이후에 차박 여행을 여러 번 갔는데 아이에게 그동안 가장 좋았던 차박 장소를 꼽으라고 하니 이곳 육백마지기를 일등으로 꼽았다. 이유를 물으니 밤하늘을 가득 채운 수많은 별들을 보아서 좋았다고 했다. 첫 차박이라 가장 불편했을 텐데 아이의 관점은 어른들과는 또 다른가 보다.

아빠, 바닷가에서
모래놀이 하고 싶어

아이는 바다를 좋아했다. 모래사장과 파도가 멋진 동해, 갯벌이 있어 체험하기 좋은 서해. 좋아하는 음식 1위도 꽃게, 대게이고 조개껍질 모으는 것도 좋아한다. 집에서는 구피 물고기를 키우고 거북이를 키운다. 바다에서 게를 잡거나 조개를 캐는 것은 두말할 것도 없이 아주 좋아한다. 아이와 그동안 직접 바다를 경험했던 것은 두세 번 정도 된다.

첫 번째는 아이가 어린이집에 다닐 때 아빠와 함께하는 체험학습이 주말에 있었다. 아이를 데리고 내가 다녀왔다. 시립어린이집에서 준비해준 간식을 먹으며 전세버스를 타고 서해 갯벌로 다녀왔다. 가서 조개도 많이 캐고 게도 잡고 즐거운 시간이었다. 다만, 아이가 거기서 말을 안 들어서 좀 혼냈고 선생님들이 중간에 중재

하여 주시고 아이를 다독여 주셔서 무사히 다녀올 수 있었다. 지금 생각해 보면 체험학습 나왔는데 좀 장난치고 그래도 풀어줄 걸 그랬나 하고 후회하고 있는 아쉬운 기억 중의 하나이다.

두 번째 바다 체험은 강원도로 가족여행을 갔을 때였다. 강원도 내륙에서 숙소를 잡고 돌아다니다가 마지막 날 동해를 들렀다. 거기서 다들 가볍게 해안 구경을 할 요량으로 왔기에 바다에 안 들어갔는데 할아버지와 아이 그리고 내가 바다에 몸을 담갔다. 함께 헤엄도 치고 모래성도 쌓았다. 특히 모래성 쌓기가 재미있었다. 나도 사실 너무 재미있었으니 아이는 얼마나 재미있었겠는가. 모래성을 쌓으며 밀려오는 파도에 지지 않으려고 무너지지 않게 하려고 할아버지 나 아이 모두 힘을 합쳐 쌓아 나갔다. 아이는 그 기억을 무척 즐겁게 기억하고 있었다.

아이는 가을이 되어 바다에 가보고 싶어 했다. 나의 강원도 산꼭대기에서의 첫 번째 차박 여행이 조금 미숙했기에 아이가 힘들어서 다시는 안 간다고 할 줄 알았는데 또 가고 싶다는 말에 좀 놀랐다. 장소는 차박 여행지를 검색하다가 해안가로 자가용으로 들어갈 수 있는 해변이라고 알려진 강원도 강릉시의 사천해변으로 정했다. 여행 일정을 잡으려고 강원도 현지 날씨를 보니 일요일 밤에 꽤 많은 비가 올 것 같았다. 처음에는 일요일에서 월요일까지의 일정으로 잡았다가 토요일에서 일요일까지로 일정을 변경하였다. 다만 토요일 오후에도 비 소식이 있었다. 그래도 토요일 저녁부터는 비가 개는 것으로 나와서 오후에만 잠시 기다리면 될 듯싶었다. 우리 같은 경우는 내가 육아휴직을 했고 아이도 학교장허가 체험학습을 내면 되기 때문에 평일에 움직이는 것이 여러모로 좋다. 주말에 움직이면 그만큼 더 복잡해서 도로에서 보내는 시간도 많아지고 목적지에 가서도 자리 경쟁 등으로 인해 에너지 소모가 많다. 평일에 여행을 다니면 그런 단점이 거의 해소되므로 평일 여행을 하려고 했으나 이번에는 날씨로 인해 남들과 함께 토요일 일요일에 걸치는 레드오션으로 뛰어들었다.

주중에 틈나는 대로 여행 준비를 해놨다. 이번 여행에서 색다르게 추가한 체험은 화로대를 이용한 모닥불 피우기와 간단한 요리를 하는 것이다. 그래서 모닥불을 피우기 위한 여러 장비들-화로대, 장작, 토치, 의자-을 구매하고 요리를 위한 장비들-시가잭에 연결하는 미니 전기밥솥, 코펠, 버너, 부탄가스, 그리고 여러 재료들-도 준비해두었다. 특별 이벤트로 불꽃놀이 2종도 준비했다. 그 외 모닥불에 빠지면 안 되는 고구마도 포일에 싸서 준비하고 마시멜로도 샀다.

아침에 일찍 일어나 혼자 장비를 챙기고 서둘러 김밥을 사서 아내에게 인사하고 들떠있는 아이와 드디어 출발했다. 내비게이션에 나오는 소요 시간은 평일 수준이어서 안도했는데 고속도로 IC가 가까워지자 차량이 늘어나면서 정체가 시작되었고 도착 예정 시간은 점점 늘어만 갔다. 아이가 어려서 무리하게 가는 것보다는 쉬엄쉬엄 가는 것이 좋다. 가까운 휴게소에 들러 화장실에 다녀왔다. 날씨가 갑자기 추워졌음을 느낄 수 있었다. 쉬엄쉬엄 가는데 어느새 태백산맥을 넘어 영동지역으로 들어갔다. 동해안으로 다가감에 따라 비가 내리기 시작했다. 오후가 되면 곧 그치겠지 하고 생각하며 점심을 아이가 좋아하는 가락국수로 해결했다. 비는 내리지만, 영동지방은 확실히 영서 지역보다 따뜻했다.

쉬엄쉬엄 왔지만 그래도 잘 도착해서 오후 일찍 도착할 수 있었다. 사천해변은 인터넷 포털 로드뷰로 여러 번 확인했던 곳이라 바로 찾을 수 있었고 생각했던 모습 그대로였다. 사천해변 공사가 있는지 덤프트럭 등 공사 차량이 반대편 해안 쪽으로 간간이 들락날락하고 있었다. 사천해변에 들어가 보니 서핑을 즐기는 젊은 사람들의 모습도 보였다. 비가 본격적으로 내리자 그들도 철수하고 있는 분위기였고 일부는 그 높은 파도에서도 서핑을 즐기고 있었다. 아이는 비가 오건 말건 우산을 쓰고 바로 바다로 향했다. 비가 오고 바람이 불어서 파도가 소리를 내며 해안가에 부서져 내렸다. 아이는 벌써 해안가로 다가가며 조개를 줍고 있다. '정말 바다를 좋아하는구나!' 하고 생각했다.

나는 얼른 비가 그쳤으면 좋겠다는 생각만 하며 스마트폰에 나오는 날씨의 변화만 보고 있었다. 날씨 예보는 시간 단위로 계속 바뀌며 희망을 줬다 실망을 줬다가 했다. 비가 좀 그치면 차에서 내렸다가 다시 비가 오면 다시 차에 탔다가 했다. 아이는 비가 와도 우산을 쓰고 조개껍데기를 주우러 모래사장을 돌아다녔다. 아이는 비가 그치지 않은 하늘을 원망했다. 비가 그쳐야 모닥불을 피울 수 있는 걸 알기 때문이다. 먹구름은 계속 바다 쪽에서 몰려왔지만, 저녁이 되어가면서 빗방울이 약해졌다.

아이와 나는 결정을 내렸다. 비가 좀 더 오더라도 모닥불을 피우기로. 화로대를 설치하고 장작을 쌓아 넣고 토치로 신문지를 불쏘

비가 오고 파도가 거세게 몰아치는 와중에도 조개 줍기에 빠져있다.

시개로 불을 붙였다. 내 생애 첫 나와 가족을 위한 캠핑에서 불 피우는 체험이었다. 아이도 첫 체험인 건 마찬가지다. 물론 성인 남자로서 불 피우는 것이 처음은 아니었다. 군 복무 시절 그리고 직장에서도 불을 피우긴 했었다. 학생 야영장에서 2년 정도 근무하면서 지겹도록 캠프파이어 준비를 했었다. 캠프파이어 준비는 같이 근무하는 시설 담당 직원이 주로 담당하였으나 나도 시간 나면 보조하면서 성수기 때는 주마다 캠프파이어를 지켜봤던 것 같다. 그래도 가족과 나를 위해 불을 피운 건 이번이 처음인 것 같다.

우리가 불을 피우자 주변에서도 불을 피우기 시작했다. 본격적으로 의자도 꺼내 놓고 구워 먹을 고구마도 꺼내고 소시지와 마시멜로도 준비했다. 아이는 불을 발견한 원시인이 된 것처럼 불쏘시개 집게로 장작을 집었다 낳다 했다. 불똥이 튀어 아이 잠바에 구멍이라도 생길까 봐 염려하는 건 부모인 내 생각일 뿐 아이는 이미 원시의 호기심으로 불을 대했다. 아이들이 언제 이렇게 맘 놓고 불장난을 해 보겠는가. 그래 마음대로 하거라. 화상만 입지 말고. 아이랑 은박지에 싸 온 고구마를 화로에 넣고 소시지도 너무 익어 옆구리 터진 줄도 모르고 구워 먹고 마시멜로도 처음으로 구워 먹어봤다. 이벤트로 준비해온 불꽃놀이를 해봤다. 아이는 막대 불꽃 스파클러를 처음에는 무서워서 못했다. 아이는 활달하지만, 겁이 많다. 처음 해 보는 것에 대한 두려움이 많은 건 나와 닮지 않은 듯하다. 나도 무서움을 많이 타지만 일단 해 보는 스타일이다. 내가 몇 번 하는 것을 보고 조심스럽게 해 보더니 자신감을 갖고 재미있게 한다. 폭죽 같은 불꽃놀이도 해변가에 설치해서 점화시켜보았다. 이 폭죽으로 주위의 사람들에게도 멋진 추억을 준 것 같아 좋았다.

밤이 깊어지자 아이는 졸려 했다. 아이는 차에서 본 일본 애니메이션 '이웃집 토토로' 주제가를 흥얼거리며 바로 꿈속으로 빠졌다. 아이를 재우고 나는 남은 장작을 모두 태우면서 홀로 바다 파도 소리와 장작 불꽃을 배경 삼아 나 자신도 꿈꾸던 캠핑을 즐겼다. 겨우겨우 많은 짐들을 정리하고 나도 아이 옆에 누워 아름다운 꿈나라로 향했다.

다음 날 주위가 밝아옴을 느끼며 잠이 깼다. 아이는 아직 자는 중이다. 우리가 자고 있는 차 주위로 일출을 보려는 사람들이 지나다녔다. 구름이 조금 끼어서 바다에서 바로 올라오는 일출을 볼 수는 없지만, 하늘 전체로 번지는 황금빛 일출의 멋진 장관을 볼 수 있었다. 아이도 일어나서 같이 해변가로 나갔다. 공기는 아침이지

비구름이 지나간 다음 날 아침에 맞이하는 동해의 일출

만 춥지 않았다. 아이는 바다 바로 앞까지 가서 장엄한 바다와 일출을 바라보았다. 아빠인 나에게는 대자연의 모습도 아름답지만, 그것을 바라보는 아이의 모습에 더 눈이 간다. 그 거대한 대자연에 비해 모래알처럼 조그마한 내 아이의 모습만 눈에 들어오는 걸까.

파도는 비구름이 걷혀 부드럽게 해안을 쓸고 있었다. 써퍼들은 벌써 바다로 들어갔다. 여름인 것 같았다. 아이와 나는 볶음밥을 하고 컵라면 물을 끓이고 만두를 찌며 잔칫집 같은 소란스러운 장면을 연출했다. 식탁도 없어서 비 맞은 젖은 돌 위에 신문지를 깔고 요리하고 밥을 먹었다. 밥 먹고 정리하는 동안 아이는 벌써 옆에서 캠핑 중인 캐러밴의 또래 아이와 멀리 나가 조개껍질을 줍고 있다. 외동인 아이에게 친구를 많이 만들어주고 싶은 마음을 항상 가지고 있다. 학교에서는 요즘 제대로 아이들끼리 놀 시간도 없어 보인다. 1학년이다 보니까 하교 시간이 빨라 오전 수업하고 급식 먹고 나면 하교 시간이 된다. 그나마 점심 먹고 나서 운동장에 나가 노는 것이 친구들과 제대로 노는 시간인 듯하다. 하교하고 집으로 오면 따로 친구들과 놀 시간도 주어지지 않는다. 대부분 다들 예체능 학원이다 국·영·수 학원이다 해서 사교육 장소로 이동하기에 학원에서 학교 친구가 아닌 다른 친구들과 수업을 하며 어울리는 정도다. 그리고 저녁에는 가족과 보내는 시간이다. 이런 자유로운 공간에 와서 자연 속에서 친구들을 사귀고 놀 수 있기에 캠핑이 좋다고 예전부터 생각해 왔었다. 아이들이 많이 뛰어노는 곳으로 캠핑하러 다녀야겠다고 생각했다. 아이는 조개껍질을 한 바구니나 주워왔다. 그동안 나는 차의 잠자리를 정리하고 출발 준비를 해두었다. 새로 사귄 친구와 인사를 나누고 우리는 두 번째 차박 캠핑 장소를 떠났다.

　바로 집으로 가기 아쉬워서 양양에 있는 서핑 해변을 찾았다. 이국적인 모습을 영상매체를 통해서 몇 번 봤던 터라 한번 와보고 싶었다. 근데 해변에는 정작 써퍼들은 없고 관광객들만 여유로운 시간을 보내고 있었다. 아이와 주변을 걷다가 사진을 찍고 귀갓길에 올랐다. 출발 전 점심으로 막국수 집에서 막국수와 메밀전을 시켜 먹었다. 귀가 시간이 오후가 되자 차량이 몰리면서 경기도에 근접해서는 정체를 빚었다. 다음에는 주말에는 조금 일찍 귀가하기로 마음먹었다. 이번 여행도 너무 멋진 체험이었다. 나에게만 그런 것은 아니겠지? 아이의 Wee 센터 상담 시간에 상담 선생님에게 여행을 자랑했다고 하니 아이에게도 좋은 추억이 된 것 같다. 다녀와서 다시 다음 여행을 상상하고 있다. 겨울이 다가오고 있으니 다음

번이 마지막 차박 여행이 되지 않을까 싶다. 추워져서 이제 못 가겠다고 하니 아이는 한 번만 더 가자고 한다. 나보다 더 열성적인걸.

이번엔
서해안으로 가볼까?

　가을이 가고 겨울이 오고 있다. 때 이른 추위가 한 번씩 찾아오며 외출하려는 마음을 붙잡아 두고 있다. 이제 아이와의 여행은 날이 풀리는 내년에 다시 시작해야겠다고 생각하고 있었는데 아이가 먼저 "마지막으로 올해 한 번 더 여행을 가자"고 한다. 다행히 일기예보 상에 때 이른 초겨울 추위가 잠시 물러가는 기간이 왔다. 그래서 다시 서둘러 차박 여행을 떠날 계획을 세워보았다. 날짜는 주말을 이용해서 가려고 했으나 일기예보 상에 일요일 비가 온다고 해서 금요일 출발하기로 하고 학교에는 학교장허가 체험학습 신청서를 제출했다.

　이번 차박 여행에는 기존에 쓰던 텐트를 가져가 보기로 했다. 차에서만 생활하려니 좀 불편해서 자는 것만 차에서 자고 생활은 텐트에서 할 계획이다. 일정을 정하고 장소를 물색해보았다. 아이에게 즐거운 추억이 될 만한 곳을 찾던 중 인터넷 검색 중 서해안에서 캠핑하면서 바닷물 빠질 때 들어가서 조개를 캤다는 글을 읽고 이번 여행 주제는 서해안 갯벌 체험으로 잡았다. 목적지는 갯벌 체험으로 유명한 용유도 마시안 해변으로 가보기로 했다. 가고자 하는 곳이 영종도 국제공항 근처여서 용유도와 국제공항을 왕복하는 자기 부상 열차도 타보기로 했다. 이번 주제는 아이가 너무 좋아하는 것들이다. 자기 부상 열차와 갯벌 체험. 좋은 장소를 찾은 것 같아서 나도 기대가 되었다. 이번 장소는 이동 거리가 짧아서 더 맘에 들었다. 동해안은 아이랑 가기에는 거리가 있어서 휴게소에서 몇 번 쉬면서 가야 했다. 서해안은 사는 곳과 그렇게 멀지는 않아서 쉬지 않고 바로 갈 수 있었다.

첫 도착지는 자기 부상 열차 종점인 용유역이다. 영종도 국제공항에서 출발한 자기 부상 열차의 종점이다. 용유역 노지 주차장에 차를 주차해 두고 열차를 타고 국제공항까지 가보았다. 대전 과학관에 설치되어 있는 자기 부상 열차를 잠시 타본 적이 있지만, 운행 거리도 짧고 테스트용이어서 실제 운행되는 이 열차와는 스케일이 다르다. 부드럽게 소리 없이 이동하는 자기 부상 열차를 타고 공항까지 가서 점심은 공항 내 식당에서 먹었다.

다시 용유역으로 돌아와서 마시안 해변으로 향했다. 차박을 하기 위해 인근 주민센터에서 전기차 충전을 하고 인근에서 유명하다는 베이커리에서 빵도 사고 경치도 구경하고 난 뒤 목적지인 해변에 도착했다. 초겨울이 다가오고 있어서 해변가는 한산했다. 솔밭에서 캠핑하는 몇 팀 외에는 캠핑하는 사람들이 없었다. 어두워지기 전에 자리를 잡고 텐트도 쳤다. 아이는 벌써 바닷가 모래사장을 돌아다니며 모래성을 쌓고 조개껍질을 주우러 다니고 있었다.

해가 서쪽으로 지기 시작할 무렵 준비한 갯벌 체험 장비를 갖추고 바닷물이 빠져나간 바다로 나갔다. 우리가 오기 며칠 전에 갯벌 체험 시즌이 마감된 것을 알았다. 그래서 체험장을 운영하는 상주 인원도 없어서 미리 장화, 장갑, 삽 등을 준비해 갔다. 바닷물이 빠지는 물때도 태어나서 처음으로 배워서 기록해 가지고 왔다. 첫날 갯벌 체험 가능 시간은 오후 5시경부터 해질 때까지였다. 겨울이 가까워서 해가 빨리 지고 해가 지면 아무것도 안 보이기 때문에 서둘러 갯벌로 향했다.

갯벌 체험은 아이가 어린이집 다닐 때 단체로 다녀왔지만, 그때는 인솔자가 있어서 따라가기만 하면 돼서 쉬웠는데 둘이서 경험도 없이 해 보려니 생각만큼 쉽게 되지 않았다. 물이 빠져나가 갯벌이 드러났지만 조금만 들어가면 발이 쑥쑥 빠져서 장화가 개펄에서 안 빠지고 벗겨지려고 해서 들어갈 수가 없었다. 게다가 아이는 더 힘이 없어서 발이 빠지면 빼지를 못해서 내가 빼주다가 나까지 빠질 것 같았다. 해변가를 이곳저곳 걷다가 간신히 발이 잘 안 빠지는 곳으로 들어가니 해안가에서 멀어질수록 바닥이 고운 모래여서 걷기 편했다. 지는 석양을 배경 삼아 아이와 열심히 조개를 캤다. 추워지고 경험도 없어서 별로 못 캘 줄 알았는데 의외로 많은 조개와 소라게와 작은 게를 잡을 수 있었다.

바다에는 우리 부자 두 명밖에 없었다. 바다를 놀이터 삼아 마음

아무도 없는 갯벌에서 지는 석양을
조명 삼아 함께 조개잡이를 했다.

껏 돌아다니며 조개잡이를 했다. 해가 거의 지고 희미한 빛만 서쪽 수평선에 보일 때 아이와 들어온 길을 되짚어 나갔다. 근데 해가 지니 앞이 잘 안 보여서 나가다가 아이가 개펄에 발이 빠졌다. 그걸 빼주다가 장화에서 발이 벗겨져서 개펄에 발을 다 버려버렸다. 아이는 아빠가 빠진 모습이 재미있었는지 신나게 웃었다.

　텐트로 돌아와서 한동안 손발과 짐들을 씻었다. 화장실은 있는데 물은 잠가둬서 집에서 가지고 온 물로 씻을 수 있었다. 추위가 찾아와 서둘러 화로에 불을 지피고 빵으로 저녁 식사를 했다. 식사 후 가족들과 영상통화를 했다. 아이의 할머니 할아버지는 고생한다고 걱정하셨다. 혹시 감기라도 들면 다음엔 못 올 수 있기 때문에 여행을 가서는 아이가 아프지 않도록 신경을 썼다. 저녁이 되자 우리 주위로 캠핑을 하기 위해 차량들이 들어왔다. 화로대 앞에 앉아 있으니 어디선가에서 야생 고양이 가족이 찾아왔다. 어미와 새하얀 새끼 고양이 네 마리였다. 아이는 귀여워하면서도 다가오는 것을 무서워했다. 배가 고파서 먹이를 얻어먹으러 온 것 같았다. 아이는 한 마리 데려다가 키우면 안 되냐고 물었다. 자리를 정리하고 아이와 차로 들어가서 애니메이션 한 편을 보고 서해안에서의 첫 차박을 했다.

다음 날 물 때 정보에 의하면 오전이 갯벌 체험 가능 시간이었다. 아이에게 선물을 한 번 더 줬다. 다시 갯벌에 들어가는 것이다. 어제 해 본 경험이 있어서인지 뻘에도 깊이 안 빠지고 바다로 들어갈 수 있었다. 조개 캐는 것도 요령이 생겨 많은 양을 캘 수 있었다. 오늘도 바다에는 우리밖에 없었다. 밀물이 들어오기 전에 돌아왔다. 아이가 잡아 온 수확물들과 놀고 있는 동안 나는 텐트를 정리하고 떠날 준비를 했다. 캠핑장 근처 유명한 해물칼국수 집에서 점심을 먹으며 우리가 잡은 조개와 똑같은 칼국수 조개를 보며 즐거워했다. 영종도를 거쳐 다시 봐도 멋진 서해대교를 건너 돌아왔다. 아이는 뒷좌석에서 서해대교를 동영상 촬영해댔다.

청와대도 견학이 된대

　육아휴직을 시작하면서 아이에게 기억에 남을 뭔가 특별한 것을 같이 하고 싶었다. 그래서 육아휴직 버킷리스트를 작성해보았다. 그중의 하나가 청와대 견학이었다. 어떤 계기로 청와대를 방문할 생각을 했는지는 기억이 나질 않는다. 다만, 서울대나 남산처럼 뭔가 우리나라의 대표적인 것, 최고의 것을 보여주고 싶었던 것 같다.

　계획을 세우기 전까지는 청와대 견학이 된다는 것도 알지 못했다. 주요 행사 때 초청받은 사람들만 갈 수 있다고 생각했었다. 청와대 견학하기 위해서 알아보니 벌써 몇 달간의 예약 일정이 다 차 있었다. 그래서 할 수 없이 가장 빠른 날로 잡았으나 휴직 후 4달 뒤였다. 나중에 다시 알아보니 겨울에는 그래도 조금만 기다

청와대 밖 기념관인 '사랑채'에는 여러 체험 부스가 있다.

리면 갈 수 있는 것 같았다. 아무래도 좋은 계절에는 더 많이 대기하는 것 같다.

견학 일이 금요일 이어서 학교장허가 체험학습을 신청했다. 서울 한복판을 가는 것이라서 미리 주차 문제 등을 고려해야 했다. 갑자기 날씨가 추워지기도 했고 그보다 아이가 학교에서 하교하다가 넘어져 무릎을 다쳐서 몇 바늘 꿰매는 봉합 수술을 하는 바람에 대중교통을 이용하지 못하고 자가용으로 이동하기로 했다.

오전 11시 견학이고 평일 출퇴근 시간을 고려해서 여유를 가지고 출발했다. 경복궁에 주차하고 함께 견학 갈 사람들과 버스를 타고 청와대 춘추관 문 앞까지 가서 내렸다. 춘추관 건물에서 명찰과 기념품을 받고 안내와 설명을 해 주시는 분과 경찰분들을 따라 청와대 이곳저곳을 관람했다.

아이에게도 처음으로 경험하는 곳이지만 나에게도 첫 경험이었기에 흥미롭게 관람을 했다. 대통령을 볼 수 있기를 아이는 기대했겠지만, 그 기대는 들어지지 않았다. 그래도 그날만 개방했다고 하는 멋진 정원을 볼 수 있는 행운이 있었다.

관람을 마치고 청와대 밖에 있는 사랑채라는 건물에 가서 가족들의 기념품을 사고 대통령 기념관도 관람했다. 점심은 경복궁 근처 돈가스집에서 먹었다. 경복궁에는 한복을 입은 외국인들이 많이 보였다. 아이에게 오늘 청와대 견학이 어떤 추억으로 간직 될지 궁금하다.

6장

긴 겨울 방학을 활용하여 여행을 떠나자

할머니 집 방문하기

기나긴 겨울 방학이 다가오고 있다. 여름 방학은 1달 내외로 짧지만, 겨울 방학은 2달 정도 된다. 거기에다가 예전에는 봄 방학이 있어서 2월에 잠시 일이 주일 정도 등교했다가 다시 봄 방학을 맞이했는데 요즘 학교들의 학사일정 추세는 봄 방학을 없애고 겨울 방학을 조금 늦은 1월 초순에 들어가서 연속으로 2달 정도 겨울 방학을 하게 된다. 그래서 아이와 가정에서 지내야 하는 부모들이 체감하기에는 겨울 방학 기간이 굉장히 긴 시간으로 다가온다. 봄 방학이 없으므로 길게 여행을 가거나 할 때 계획을 세우기는 좋다.

겨울이라 춥지만, 아이와 될 수 있으면 많은 곳을 더 체험해 보려고 했다. 겨울 방학에 들어가기 전 주에 학원들 방학이 많이 있어 일주일을 학교장허가 체험학습을 신청하고 여행을 떠나기로 했다. 체험학습 장소는 내 고향인 남부지방으로 잡았다. 아이의 할머니가 살고 계신 순천에 가서 인근 장소를 여행하기로 했다. 평상시 주말이나 공휴일에 우리가 사는 수도권에서 남부지방으로 체험학습 등 여행을 떠나기에는 시간적 체력적으로 부담이 많이 간다. 그래서 자주 못 가게 되는 곳을 이번에 아이와 함께 이곳저곳 여행해 볼 생각이다. 또한, 멀리 살고 계신 할머니를 자주 못 보는 아이와 손자를 자주 못 보시는 부모님이 오랫동안 함께 여행하고 생활하면서 정을 쌓을 수 있는 좋은 시간이 될 수도 있겠다.

체험학습 및 견학 장소는 무궁무진하다. 아이와 나는 겨울 방학을 이용하여 시간적 공간적 제약을 넘어 발길 닿는 곳, 가고 싶은 곳을 여행해보기로 했다.

아이의 조부모님-나의 부모님-은 전라남도 순천에 살고 계신다. 할아버지는 최근에 돌아가시고 할머니 혼자 살고 계신다. 그곳은 내가 자란 고향이기도 하다. 내가 사는 경기도와는 거리가 있다 보니 일 년이라고 해봐야 명절에 한두 번 방문하는 정도다. 겨울 방학이 되기 전 학원 방학 기간을 활용하여 처음으로 아이와 둘이 긴 시간 동안 부담 없이 할머니 댁에서 자면서 아이와 여러 가지 경험을 할 수 있었다.

할머니 댁에 도착하는 날부터 갑자기 기온이 많이 내려갔다. 갑자기 거주 환경이 바뀌는 데다가 추위까지 와서 아이의 건강이 걱정되었다. 첫날 잠잘 때는 아이가 감기에 걸린 듯 콧물을 흘리고 눈물도 흘리고 잠드는 것을 힘들어했다. 다음날 근처 소아·청소년과 병원에 가보니 다행히 감기는 아니고 비염 증상이라고 해서 약을 처방받았다. 둘째 날부터는 방 온도와 습도를 맞춰주니 편안하게 잠을 잘 잤다. 오랜만에 긴 여정으로 내려온 할머니 집에서 아프기만 하다가 돌아갈까 봐 걱정했는데 다행히 건강하게 보내다 갈 수 있었다.

아이는 음식 중에서도 꽃게와 대게를 제일 좋아한다. 이번에 할머니 집에 가면서도 맛있는 꽃게를 실컷 먹을 수 있을 거라는 기대가 컸다. 순천은 바닷가가 가까이 있고 농수산물이 신선하게 판매되는 큰 시장이 아직도 열리고 있다. 순천에서 가장 큰 아랫장날 아이와 할머니를 장에 내려드렸다. 아랫장은 도로까지 사람들과 짐들로 가득 차서 주차공간을 찾아 헤매야 했다. 그동안 아이는 할머니가 시장에서 꽃게 사는 것을 구경하였다. 가격 흥정하는 모습도 보고 시장 구경도 했나 보다. 내가 어릴 적 어머니 따라 시장 돌아다니던 모습을 아이가 다시 하는 것을 보니 감회가 새로웠다. 내가 아이 나이 때부터 치면 삼사십 년간 시장이 사라지지 않고 있어서 가능한 장면이었다. 도착하는 날 꽃게탕을 먹고 또다시 돌아오기 전날 또 꽃게탕을 해주셨다.

아이가 할머니 집에 가고 싶어 하는 여러 가지 이유 중 또 한 가지는 장난감이다. 할머니는 아이가 사달라고 하는 건 뭐든 사주신다. 집에서는 원하는 대로 사주지도 않고 사줘서는 안 된다고 생각했기에 뭐 하나 사주는 것도 쉽게 사주지 않는데 할머니는 덥석 덥석 사주시니 아이는 기대하게 된 것 같다. 이번에도 갖고 싶었던 장난감을 하나 얻어서 가져왔다. 덤으로 내가 어릴 적 가지고 놀던 구슬까지 다 받아 가자고 왔다.

할머니 집에 가서 아이가 좋아하는 점은 학원과 학교를 떠나서 공부와 숙제를 잊어버리고 아무 생각 안 하고 새로운 환경에서 즐길 수 있는 점인 것 같다. TV도 마음대로 본다. 우리 집에서는 TV를 보여주지 않는데 위성방송이 되는 할머니 집에서 여러 개의 아동 채널을 보며 그동안의 TV 허기증을 해소하는 듯 보였다. 나도 아이에게 뭔가를 시켜야 한다는 의무감도 사라져서 마음이 편했던 것 같다.

할머니와 아이와 셋이 차를 가지고 여행을 다니며 삼대 간의 끈끈한 정을 느낄 수 있었다. 부모님과 오랫동안 진지한 대화하는 나의 모습을 옆에서 보면서 아이에게 간접적으로 많은 교육이 되는 것 같았다. 내가 부모님께 대하는 행동과 말을 통해 아이도 아빠인 나를 대하는 것에 대한 산 교육이 되는 것 같았다. 할머니 집에 다녀오고 나서 한층 밝아지고 짜증이 줄어든 아이의 모습을 아내가 먼저 발견하고 이야기해 줬을 때 이번 여행이 큰 의미가 있었다는 것을 느낄 수 있었다.

남해안 여행하기

거제도 포로수용소 모노레일,
여수 이순신 대교, 이순신 공원, 향일암

도착 후 둘째 날 아이의 감기 증상으로 소아과를 다녀오고 나서 할아버지가 잠들어 계신 공원묘지를 다녀왔다. 아이가 여섯 살 때 돌아가신 할아버지에 대한 기억을 조금 가지고 있어서 아이는 아직 할아버지를 떠올릴 수 있는 것 같았다. 만날 수는 없지만, 기억 속에 살아계시기 때문에 아이에게는 하나의 큰 바깥 울타리가 되어주고 있는 걸 느낀다. 하늘나라에서 편히 쉬시라고 기도드리고 돌아왔다.

아이의 감기 증상도 비염 때문이라는 의사의 말에 계획대로 거제도를 다녀오기로 했다. 날이 근래 들어 가장 추웠다. 한파주의보도 내린 상태였다. 날이 추워서 거제도 포로수용소는 제대로 둘러보지 못하고 모노레일만 예약을 전날 급하게 해 둔 터라 탑승하게 되었

모노레일을 타고 계룡산에 오르면 다도해 남해안의 멋진 풍경을 볼 수 있다.

다. 국내 최장 모노레일이라는 안내대로 산 정상까지 급경사를 이
삼십 분간 오르내렸다. 기차 종류를 좋아하는 아이의 취향을 반영
하여 이번 여행 버킷리스트에 넣어둔 곳이다.

정상 부근에 오르니 문재인 대통령 생가터도 볼 수 있었고 거제
도 앞바다가 한눈에 보이는 것이 장관이었다. 내려올 때는 앞자리
에 탑승할 수 있어서 더 좋은 전망을 구경할 수 있었다. 거제도를
여행하며 바닷가 조선소에서 배를 만들고 있는 모습은 그 자체로
산 교육이었다.

다음날은 순천과 가까운 여수를 여행하기로 했다. 그날은 새해
첫날이었다. 최근에 세워진 이순신 대교를 건너며 광양항에 오가는
컨테이너선 등 대형 선박을 보며 아이는 신기한지 사진을 찍었다.
여행 계획을 세울 때 아이에게 여수 이순신 광장에 있는 거북선
안을 구경시켜주고 싶었다. 근데 가서 보니 내부 수리 중이라 안에

들어가 볼 수는 없었다. 근처 전망대에 올라 여수 앞바다를 보고 이순신 광장에서 먹거리를 사 먹으며 기분을 달랬다.

여수반도 끝자락에 있는 향일암으로 향했다. 근처에 살았었지만 이름만 듣고 처음 가보는 곳이었다. 새해 첫날이라 그런지 목적지 근처에 가까워질수록 차량 행렬이 길게 늘어서며 움직이지 않았다. 차를 돌려 먼 주차장에 대 놓고 아이와 둘이서 걸어서 향일암으로 향했다. 할머니는 자주 와본 곳이라며 올라갔다가 오라고 천천히 따라오셨다. 아직 차가운 바람에 아이와 손을 꼭 잡고 향일암을 올랐다. 올라가는 길은 고됐지만 오르고 보니 남해안 서해안에서 볼 수 없는 탁 트인 동해 같은 인상의 멋진 바다를 볼 수 있었다.

새해 소원을 빌고 각오를 다지러 온 여러 단체와 개인들로 인산인해를 이뤘다. 아이는 부처님 전에 봉헌하고 싶다며 내게 돈을 받아다가 넣고는 부처님 전에 엎드려 절을 올렸다. 어떤 마음으로 절을 했는지는 묻지 않았다. 그냥 기특하다는 생각만 들었다. 힘들다고 암자에 안 올라갈 것 같았는데 의외로 앞장서서 잘 걸어갔다 왔다. 집에 있을 때는 투정 잘 부리던 아이가 이런 곳에 오니 스스로 행동하게 되고 자신감도 생기게 되는 것 같다. 여행은 아이를 크게 만들고 부모와의 여행은 서로를 더 신뢰하게 만들어주는 것 같다.

역사를 거슬러 올라가 보자

화순 고인돌 유적, 공주 석장리 유적, 송산리 고분군, 공주박물관

　이번 여행을 계획하면서 시간이 된다면 우리나라 역사 순서대로 유적지를 견학해보고 싶었다. 아이는 역사책 읽기를 좋아하고 특히 최근 들어 역사책을 아주 재미있게 읽고 있다. 아내도 아이가 잠들기 전 역사책을 한 권 이상 읽어주는 때가 많았다. 특히 삼국시대 이야기를 많이 읽었다. 그래서 이번 여행에서는 구석기-신석기-청동기-삼한 시대-삼국시대 정도의 순서를 가지고 유적지를 뽑아서 여행을 계획했다. 이번 여행에서는 계획한 것 중에서 구석기 공주 석장리 유적지, 청동기 화순 고인돌 유적지, 삼국시대 백제 무령왕릉이 있는 송산리 고분군과 공주박물관을 다녀올 수 있었다.

　집으로 돌아오기 전날 전남 화순에 있는 고인돌 유적지를 찾아갔다. 목적지에 도착할 때 즈음 점심시간이 되어서 인근에 유명하다는 팥죽집에 들러 팥죽을 먹고 이동했다. 겨울이어서인지 그리고

아직 본격적인 겨울 방학이 안 되어서인지 고인돌 공원에는 우리 가족밖에 없었다.

고인돌을 보기 전에 우선 고인돌 공원 체험학습장으로 가서 활쏘기와 활 만들기 체험을 하였다. 안내하시는 선생님이 계셔서 추위에도 불구하고 활 만들기를 도와주시고 활쏘기도 아이에게 알려주셨다. 고인돌 체험학습장 부근에는 세계의 거석 유적을 축소해서 만들어 놓는 견학장이 거의 완공되어 있었다. 우리나라의 고인돌과 비교해서 보면 도움이 되는 좋은 견학 장소가 될 것 같았다.

본격적으로 고인돌이 줄지어 있는 곳으로 아이와 함께 지도를 보면서 찾아 나섰다. 사람들이 아무도 없어서 차를 타고 가면서 고인돌이 나올 때마다 멈춰서 천천히 관찰하면서 이동할 수 있었다. 봄이나 가을에 오면 산책 삼아 걸어도 참 좋겠다고 생각했다. 고인돌 떼 무덤 앞에서 아이도 고인돌을 만들어보겠다며 작은 돌들을 주워다가 탑을 쌓았다.

돌아오는 날 할머니와 작별 인사를 하고 올라오며 계획에 있던 충남 공주로 향했다. 여러 견학지를 비교하며 찾다 보니 공주에 교육적으로도 훌륭하고 아이가 흥미를 느낄만한 장소들이 많았다.

우리나라 대표적 구석기 유적인 공주 석장리 유적지가 있다. 이미 전날 화순 청동기 고인돌 유적을 보고 온 터라 선사시대 문화에 조금 익숙해져 있었기에 청동기 문화와 비교되는 구석기 유물과 유적을 비교하며 견학을 하였다. 광물과 보석에 관심이 많은 아이였기에 구석기 대표적 유물인 뗀석기가 흑요석이라는 검은 돌로 만들어진다는 것을 인상 깊게 보는 듯했다. 흑요석 뗀석기를 가지고 직접 물건을 자르는 체험도 해 볼 수 있었다. 구석기 유적을 상품으로 파는 곳도 있어서 아이가 아주 좋아했다. 아이는 뗀석기 지우개와 돌도끼 열쇠고리를 샀다. 건물 내부 외부 모두 교육적으로 충실하게 잘 되어있었던 것 같다.

공주에 오후 늦게 도착했기에 석장리 유적에서 멀지 않은 송산리 고분군에 도착했을 때에는 벌써 해가 지려 하고 있었다. 계획으로는 공산성 유적지까지 둘러볼 생각이었으나 석장리 유적지에서 만난 매표소 직원의 말처럼 석장리 유적지, 송산리 고분군, 공산성 세 군데를 모두 보기에는 너무 늦게 공주에 도착한 것 같아서 공산성은 가지 않고 석장리 유적지와 송산리 고분군만 보기로 했다.

처음으로 아이는 거대한 고분군을 구경했다. 겨울이어서 인적도 거의 없는 고분들 사이를 아이와 걸으며 내가 알고 있는 고분에 대한 지식을 짜내어 아이에게 설명을 해줬다. 아빠와 장난치며 고분 사이를 돌아다니면서도 백제 시대 왕의 무덤에 대한 인상을 마음속에 깊이 간직하는 것을 느낄 수 있었다. 고분들을 보고 내려와서는 고분군의 역사와 내부 모습 그리고 거기에서 나온 유물이 전시된 전시관을 견학했다. 나도 학창 시절 와본 적이 있었는데 그때 기억은 거의 없고 새로운 느낌이었다. 아이는 무덤을 모형화해 둬서 들어가 볼 수 있는 체험관을 제일 재미있어했다. 왕릉 매표소 입구에는 귀여운 무령왕릉 수호석이 놓여있었는데 아이와 나는 귀여운 애완동물 보듯이 만져보며 사진도 찍었다.

이 수호석은 다음 견학 장소였던 공주박물관 내부 정원에도 제작

백제 시대 역사에 대해 이야기해주며 송산리 고분군을 산책하듯 거닐었다.

되어있어 반가웠는데 크기는 훨씬 컸다. 송산리 고분군 근처에 있는 공주박물관에 도착했을 때는 해도 지고 저녁이 되어있었다. 한두 팀 정도의 박물관 관람객들이 보였고 그나마 나오고 있었다. 우리는 서둘러 들어가서 구경을 했다. 전시물은 거의 백제 시대와 공주 인근의 유적들이었다. 거기서 송산리 고분군 등에서 발굴된 실제 유물들을 가까이서 볼 수 있어서 좋은 경험이었다.

공주를 떠나 집으로 향했고 올라오며 휴게소에서 저녁을 먹고 집으로 돌아왔다. 계획은 좀 더 여러 장소를 방문해 보려고 했으나 그렇게 하지 못했던, 생각보다 짧았던 할머니 집이 있는 남부지방 여행이었다. 아무래도 몸이 움츠러드는 겨울이다 보니 행동에 제약이 있었던 것 같고 나도 할머니도 감기가 들어서 제 컨디션은 아니었던 것 같다. 따뜻한 봄에는 더 즐거운 여행을 기약하기로 했다.

30여 년 만에 아이와 다시 찾아온
천안 독립기념관

남부지방 할머니 집을 다녀오고 나서 학원, 집에서의 생활과 외부에서의 놀이로 하루하루를 보냈다. 하루는 내 개인적인 일이 있어서 충청도를 갈 일이 있었다. 그래서 이 기회를 살려 아이와 당일 반나절 정도의 여행을 실행했다. 시간상으로 이동 시간을 제하고 길어야 3~4시간으로 다녀올 곳을 정하기가 쉽지 않았다.

그중에서 천안에 있는 독립기념관이 눈에 들어왔다. 내가 중학교 2학년 때 수학여행으로 다녀왔던 곳이고 그 후에는 한 번도 가보지 않았던 곳이다. 아이에게는 교육적으로 좋은 견학 장소가 될 것 같았고 시간적으로도 적당해 보였다. 오후에는 개인 일을 보려고 오전에 가는 길에 들러 견학을 하기로 했다.

늦은 아침을 고속도로 휴게소에서 먹었다. 여행하며 먹는 밥은 어떤 곳이든 맛있다. 아이도 여행을 떠나면 스스로 잘 먹는다. 메뉴를 고르는 것부터 먹고 치우는 것까지 자립심을 키우는 경험이 된다.

독립기념관은 고속도로 진·출입로 근처에 있어서 접근하기 참 좋았다. 입장료는 없고 주차요금만 내고 들어갔다. 아침부터 흐린 날씨로 가벼운 눈발을 날리는 데도 군인을 비롯한 관람객들과 산책하는 인근 주민까지 의외로 사람들은 꽤 있었다.

독립기념관을 상징하는 입구에 있는 겨레의 탑에서 아이와 서로 사진을 찍어주었다. 이 탑은 천안 독립기념관 하면 떠오르는 상징적인 작품인 것 같다. 30여 년 전 내가 중학교 수학여행 때 와서 탑 축소 모형을 기념으로 사다가 집에 두었는데 어디 가버렸는지 지금은 보이지 않는다. 참 시원스럽게 뻗어나가며 서 있는 모습이 멋지다.

날씨도 흐리고 눈발이 날려서 스산한데 건물 본관까지 가는 거리가 만만치 않아 보인다. 마침 겨레의 탑 근처에 박물관 내를 순환 운행하는 연결 버스가 있었다. 출발을 기다리며 우리 둘만 좌석에 앉아 있는데 한 무리의 초등학생들이 다가와서 탑승을 한다. 단체로 관람을 온 것 같다. 둘만 조용히 가는 것보다 사람들의 와자지껄 떠드는 소리를 들으며 가니 놀러 온 기분도 나고 더 즐거웠다.

30년 전 견학 다녀온 후 생각나는 견학 내용은 전혀 없고 다만 겨레의 탑만 기억이 나서 새로운 마음으로 박물관 내부를 둘러보는데 의외로 완성도와 짜임새가 높아서 놀랐다. 독립운동에 관한 내용만 있을 거라는 생각과 달리 우리나라에 대한 자긍심을 심어

중학교 수학여행 때 견학했던 독립기념관을 아이와 다시 찾았다.

줄 우리나라의 훌륭한 역사에 관한 내용의 볼거리들이 잘 꾸며져 있어서 아이들 교육에 정말 좋을 것 같다고 생각했다.

가는 곳곳마다 군인들이 관람을 많이 하고 있어서 이상하게 여기던 중 동선이 같던 한 병사에게 물어보니 휴가 나와서 이곳을 방문한 후 박물관 내에 있는 기념 스탬프를 모두 찍어 가면 다음 휴가 때 휴가를 하루 더 준다는 답변을 받았다. 이 제도가 박물관으로서는 입장객들을 늘려서 박물관을 활성화할 수 있어서 좋고 국방부로서는 우리나라에 대한 이해와 자긍심을 고취하는 교육을 대신할 수 있기에 교육의 하나로 좋은 방법이고 장병으로서는 즐겁게 박물관 견학도 하면서 다음 휴가도 하루 더 받게 되는 모두에게 이익이 되는 참 훌륭한 제도라는 생각이 들었다. 아이도 스탬프 프린트를 받아서 신나게 돌아다니며 모든 도장을 찍었다. 오후에는 내 볼일을 보고 늦지 않게 돌아올 수 있었다.

도시 기행
당일로 다닐 수 있는 거주지 인근 도시들 주제 여행

안양, 용인, 이천, 안성

　아이가 아직은 제 앞가림을 완벽하게 할 수 있는 나이가 아니기 때문에 장기간 여행을 자주 가는 것은 준비하고 실행하는 아빠에게도 정신적 신체적 부담이 되고 아이에게도 신체적으로 힘들 수 있다. 차박 캠핑을 해서 하룻밤을 자고 온 다던지 친인척 집을 며칠 정도 방문하는 정도 그리고 가족 전체의 여름휴가가 그나마 장기간의 여행이었다.

　이런 여행 외에 잠깐씩 시간을 내서 당일로 다녀올 수 있는 여행지를 찾아보기 시작했다. 인터넷을 조금만 검색해봐도 우리가 사는 지역 인근에 인접한 도시들의 여행 정보를 손쉽게 찾을 수 있었다. 이렇게 찾은 정보를 가지고 있다가 그 지역에 볼일을 보러 가거나 갑자기 아이와 내가 시간이 나서 바람 쐬러 가고 싶을 때 이용해서 다녀올 수 있었다.

하루는 직장에 다니는 아내의 부탁으로 대신 볼일을 보러 안양에 갈 일이 있었다. 안양이라는 도시는 수도권에 있고 내가 사는 도시처럼 회색빛투성이의 별 특색 없는 도시의 선입견을 주고 있었다. 하나의 수도권 도시 중의 하나 정도랄까. 볼일 목적이 있긴 했지만, 일부러 아이와 찾아간 곳이기에 도착해서 볼일을 마치고 나서 인근 지역의 박물관 미술관이나 유적이 있는지 스마트폰으로 검색을 해보았다.

인터넷에 평가자의 수가 많고 평가가 좋은 곳으로 방문지와 멀지 않은 곳을 찾아보다가 '김중업 건축박물관'이 눈에 들어왔다. 평일이어서 인지 박물관 내외부는 사람들이 아무도 없었다. 다만 김중업 건축가의 자손으로 보이는 분이 안내하는 사람과 동행하여 내외부를 둘러보고 있었다. 느낌에 김중업 건축가의 아드님으로 보였다. 우리와 동선과 시간이 일치하여 같이 내부를 둘러보게 되었다. 김중업 건축가 생애의 기록과 그동안 이룩한 건축물에 대한 기록이 전시되어 있었다. 건축가의 손에 건축물들이 미술 작품처럼 개성 있게 제작된 모습을 볼 수 있었다.

건축박물관에서 안양 예술공원 안내 책자 겸 스탬프 투어 책자를 구할 수 있었다. 김중업 건축박물관은 '안양 예술공원 음식 문화거리' 구역에 묶여 있는 관광단지였다. 건축박물관을 다 둘러보고 옆 건물로 가보니 카페 정도로 생각했던 곳에 생각지도 않았던 '안양박물관'이 있었다. 점심시간이 다 되어 박물관 위층에 있는 경치 좋은 카페테리아에서 아이가 좋아하는 스파게티를 먹고 나서 본격

안양 박물관은 지역박물관으로 안양지역 출토 유물과 역사자료가 잘 전시되어 있다.

적으로 박물관 구경을 시작했다. 안양 박물관은 안양지역에서 출토된 유적을 기초로 안양과 관련된 역사적 기록들을 보관하고 전시하고 있었다. 나름 소소하게 둘러보는 재미가 있었다.

두 박물관을 나와서 근처에 있는 종 모양이 뚜렷하게 암석에 새겨진 '석수동 마애종'을 보았다. 그리고 인근 전망대를 올라 근처에 있는 안양사와 안양 시내를 한눈에 조망해보고 마지막으로 안양사를 방문했다. 인적 없는 겨울 산사를 방문한 우리를 호랑이 조각상과 거북이 비석 받침 조각 그리고 거대한 불탑이 우리를 맞아주었다.

아이는 '안양 예술공원' 스탬프 투어 책자의 도장을 모두 찍어 완성했다. 스탬프 투어는 아이들에게 게임을 하듯 하면서 지역을 알리는 특히 좋은 아이디어인 것 같다.

내가 사는 지역 용인도 아이가 안 가본 곳들을 함께 둘러보았다.

먼저 등잔을 개인적으로 소장 보관 전시하고 있는 등잔박물관을 관람했다. 우리 지역 초등학교 학생들의 당일 현장학습 장소로 자주 가는 곳이기도 해서 나도 개인적으로 어떤 곳인가 궁금하기도 했다. 규모는 생각했던 것보다 작은 느낌이었다. 많은 종류의 등잔을 볼 수 있었는데 아이는 크게 관심을 보이지 않았고 외부로 나와서 얼음이 언 연못에 돌을 던지는 것에 더 흥미를 느끼는 듯했다.

박물관 인근에는 정몽주 묘소가 있다. 지나가면서 몇 번 보았는데 이번에 안에 들어가 볼 기회가 되었다. 아이에게 정몽주 선생에 대한 대략적인 역사적 이야기를 쉽게 풀어서 해줬는데 알아들었으려나 모르겠다. 묘소에는 주민 한두 명이 운동 삼아 산책을 하고 있을 뿐이었다. 묘소 터가 넓어서 아이랑 술래잡기하면서 조금 뛰어다녔다.

아이의 외할아버지께서 용인시 처인구 운학동 쪽에 볼일이 있으시다고 하셔서 차로 태워다 드리면서 아이와 인근에 있는 와우정사를 방문했다. 눈 온 뒤였지만 예년에 비해 춥지 않은 겨울 날씨를 기록하고 있어서 관람하기에는 나쁘지 않았다. 다른 절에서는 볼 수 없는 누워있는 부처님상이나 머리만 조각된 부처님상 등 특색 있는 절의 모습에 아이도 신기해하는 눈치다. 코로나 사태 초창기였고 국내는 아직 관리가 되고 있었다. 그래서인지 우리가 돌아오려고 할 때 보니 동남아 사람들이 전세버스를 타고 와서 구경하려고 하고 있었다. 동남아 사람들에게 와우정사가 인기가 있는 관광코스인 것 같았다.

3월, 코로나 사태로 외식을 전혀 하지 않고 외부로 잘 나가지도 않고 집에만 있다가 인근에 사람들과의 거리를 두면서 다녀올 만한 곳을 찾다가 설봉산성을 가보려고 내비게이션을 찍고 올라가는데 길이 이상했다. 비포장도로의 등산길처럼 바뀌었다. 그래서 설봉산성행은 포기하고 설봉공원과 인근에 있는 설봉서원 그리고 영월암을 다녀오게 되었다.

목적지는 영월암이었는데 지나가는 길에 설봉공원이 있어서 잠시 쉬어가게 되었다. 직장 연수가 있어서 이 공원은 방문한 적이 있어 눈에 익었다. 코로나 여파로 설봉공원 저수지를 따라 운동하는 사람들은 모두 마스크를 쓰고 있었다. 우리는 코로나로 운영이 중단된 이천 시립 박물관 주차장에 차를 주차하고 주차장 바닥에 매트를 깔고 컵라면과 간식으로 간단히 요기하였다.

코로나로 인해 실내 모임이 줄어들자 많은 사람이 마스크를 쓰고 야외로 나왔다. 설봉유원지 주변을 걸으며 운동하는 사람도 있고 공원 안에 작은 텐트를 치고 간단한 도시락을 먹으며 가족 단위로 나와서 아이들과 자전거를 가지고 와서 타는 가족도 있었다. 아이도 또래 아이와 함께 술래잡기하면서 놀았다. 점심을 먹고 나서 영월암으로 향했다.

가는 길에 설봉서원이 나와서 차에서 내려 올라가 봤는데 코로나로 인해 임시 휴관 중이었다. 담장이 낮아서 담장을 돌아가며 내부를 볼 수 있었다. 담벼락에는 '한국의 서원 유네스코 문화유산 등재'를 경축하는 현수막이 걸려있었다.

다시 길을 따라 올라가는데 경사가 차로 올라가기에는 아슬아슬

한 지점에 도달했다. 다른 차가 내려오는 것을 보긴 했지만, 안전을 위해 갓길 공터에 주차를 해두고 올라갔다. 걸어서 올라가는데 경사가 급했다. 올라가면서 보니 이천 시내가 한눈에 보였다. 힘들게 올라가 보니 평소 보던 절과는 또 다른 느낌의 절이 나타났다. 영월암이다.

지팡이가 은행나무로 자라났다는 커다란 은행나무 두 그루가 우리를 맞이했다. 불당과 암자가 주산에 의지해 서 있었다. 암자 쪽으로 올라가니 바위에 불상이 새겨져 있다. 또 근처에는 3층 석탑이 고즈넉이 서 있다. 석탑 근처엔 웬 흰 토끼가 사람이 나타나도 놀라지 않고 놀고 있다. 절에서 기르는 토끼인 것 같다. 야생 토끼면 도망갔을 텐데 도망을 가지 않는다. 아이도 신기해하고 만지려는 것을 못 만지게 했다. 내려오면서 보니 검고 흰 얼룩의 고양이가 따뜻한 봄볕을 쬐고 쉬다가 우리가 오는 것 보고 자리를 옮긴다. 이천이라는 곳을 몇 번 지나치기만 하고 기회가 닿지 않아 자세히 보지는 못했지만 이렇게 몇 군데 하루 여행을 하는 것만으로도 도시가 친근해진 기분이다.

다음 날 이번엔 어디로 갈까 찾아보다가 안성에도 가볼 만한 곳이 꽤 있는 것 같아서 그곳으로 향했다. 이번엔 아이의 외삼촌과 동행했다. 출발 전 도시락으로 김밥을 사서 출발했다. 첫 목적지는 칠장사다. 안성에서 유명한 절인 듯싶다. 도착하니 넓은 대지에 편안하게 조성된 절이 보였다. 절 안으로 들어가 보니 절이 역사가 오래된 듯 낡아 연륜을 말해주는 것 같았다. 대웅전 근처의 석불입상도 보고 어사 박문수가 다녀갔다는 박문수길 근처도 가보았다.

경내로 들어서면 아늑함을 느낄 수 있는 칠장사는 건물만 보아도 오래된 절 임을 느낄 수 있다.

칠장사를 내려와서 죽산리 오층 석탑을 보러 갔다. 오층 석탑은 길가에 있었는데 당간지주와 함께 있는 오층 석탑이 덩그러니 혼자 있는 것도 나름대로 운치가 있었다. 돌아가기 전 죽산 향교를 간단히 둘러보고 돌아왔다.

7장

코로나 기간, 잠깐씩의 도피

코로나를 피해
강으로 산으로

코로나가 시작되고 길어지면서 실내에 사람들이 모이는 곳은 피하게 되었다. 외식도 거의 하지 않고 외식을 할 때도 배달을 시키거나 테이크아웃을 하였다. 2월 말에 학교 개학이 연기되고 학원들도 휴원에 들어갔다. 학교도 안 가고 학원도 가지 않으니 아이에게는 시간이 많이 생기게 되었다.

2월 말 텐트와 간단한 짐을 챙겨서 무작정 집을 나섰다. 가까운 곳에 당일로 캠핑할 곳을 찾다가 평택 진위천 유원지로 가기로 했다. 진위천에 도착해서 보니 텐트를 치면 비용이 발생하였다. 하룻밤도 지내지 않고 잠깐 바람 쐬러 온 거라서 취지와 맞지 않는 것 같아 발길을 돌렸다.

그리고 다시 인터넷을 검색하니 오성 강변이라는 곳이 차가 진입

할 수 있고 텐트도 칠 수 있고 화장실도 있다고 한다. 내비게이션에 목적지를 정하고 잘 도착하였는데 진입로는 약간 굴곡이 있어 바닥이 낮은 내 차로 들어갈 때는 조금 조심해야 했다. 며칠 전 비가 온 뒤로 비포장 바닥이 좀 울퉁불퉁하고 물웅덩이가 많았다.

평일인데도 낚시하는 사람들이 많이 있었다. 우리는 강변에서 좀 멀리 바닥이 평평하고 물기 없는 곳에 차를 세우고 원터치 텐트를 폈다. 간단히 쌀국수 라면과 바나나, 과자, 음료수로 점심을 해결하고 아이는 낚시하는 것을 구경하러 갔다. 아이는 낚시를 너무 좋아한다. 나는 오랜만에 코로나로 쌓인 정신적 스트레스를 잊고자 햇볕을 쬐며 텐트에 누웠다. 따스한 바람과 햇볕에 졸음이 왔다. 얼마쯤 지나서 아이가 돌아왔고 텐트를 정리하고 같이 주변을 더 구경했다. 대어를 낚는 낚시꾼도 있었다. 아이가 좋아하는 돌 줍기도 하고 돌아왔다.

다음날은 남한산성에 가보기로 했다. 아이의 할아버지 할머니께 함께 가실지 여쭤보았더니 할아버지께서 가신다고 하셔서 함께 산을 오르기로 했다. 주차장에 주차하고 가볍게 출발을 했다. 오르는 길에 딱따구리를 보았다. 산성에서 바라보는 서울은 먼지 없는 청명한 날이라 그런지 멀리까지 깨끗하게 볼 수 있었다.

수어장대 근처 나무 테이블에서 가지고 온 김밥과 할머니께서 싸주신 간식을 함께 먹었다. 할아버지를 좋아하는 아이는 신나 보였다. 수어장대에 가보니 누군가 마당 바닥에 사방치기 놀이 선을 그려놓은 것이 보였다. 아이와 할아버지 그리고 나는 동심으로 돌아

수어장대 마당에 누군가가 그려놓은
사방치기 놀이판을 이용해서 할아버지와
게임을 해 보았다.

가서 재미있게 게임을 해보았다. 할아버지가 1등을 했다. 안전하게
등산을 마치고 내려왔다. 코로나로 실내를 꺼리게 되면서 많은 사
람이 야외로 나오는 것 같았다.

차박의 성지를 가보자

3월 초 코로나가 여전히 유행 중이다. 실내가 안전하지 않고 사람들을 피하면서 외출하여 지내는 방법 중 차박이나 캠핑이 좋아 보인다. 가까운 차박지를 검색해보니 충주권이 후보로 떠오른다. 그중 수주팔봉을 먼저 가보기로 했다. 토요일이었는데 그날은 차박을 하지 않고 가볍게 상황을 파악하러 간 것이다.

도착해보니 수주팔봉 자갈밭 입구를 차가 들어가지 못하도록 흙더미로 막아두었다. 코로나의 우려인 것이다. 주말이고 코로나로 답답한 마음에 사람들이 많이 방문했다. 사람들은 들어갈 수 있어서 차를 길가에 주차해 두고 걸어 내려가서 경치를 구경했다. 맞은편의 폭포와 구름다리 경치가 멋졌다. 사람들이 자갈밭의 돌을 주워 물수제비를 뜨는 것을 보고 우리도 한동안 신나게 해보았다. 돌아와서 차에서 점심을 먹었다.

이번 여행의 또 다른 목적은 바로 낚시다. 아이의 성화에 루어낚싯대를 구입하고 테스트 삼아 가지고 왔다. 여기는 낚시 금지구역이 아니어서 해볼 수 있었다. 대낚시는 내가 젊을 때 해보았는데 릴낚시는 처음이라 유튜브를 보면서 하는 방법을 머릿속에 숙지하고 와서 해보았다. 그날따라 바람이 많이 불어서 줄이 수시로 엉키고 미끼도 멀리 날아가지 않았지만, 아이도 나도 색다른 재미를 느꼈고 테스트 삼아 해본 것 치고는 잘된 것 같았다. 물고기는 얼굴도 보지 못했다.

며칠 뒤 이번에는 차박 준비를 하고 떠났다. 장소는 캠핑의 성지라 불리는 충주 목계솔밭 공원이다. 3월의 날씨도 많이 따뜻해져서 밤에 차에서 자는 것도 크게 우려스럽지 않았다. 작년 11월 서해안 차박 후 올해 처음으로 차박을 떠났다. 가는 길에 전기차 충전소에서 충전하고 캠핑장으로 이동했다. 밤에 전기를 사용하면서 자야 해서 만일을 대비해 충분히 충전해둬야 한다.

캠핑장에 도착해서 보니 넓은 강변 공원이 모두 캠핑장이었다. 평평한 대지에 잘 조성된 바닥과 화장실과 개수 시설도 갖추고 있어 캠핑이나 차박 하기에 더없이 좋은 환경이었다. 평일이고 코로나의 여파 때문인지 아주 한산한 모습이었다. 나처럼 아이들과 함께 나온 가족이 많았다. 특히 엄마는 안 보이고 아빠와 아이들의 조합이 많이 보였다. 집 근처 공원도 마음대로 갈 수 없고 어디 갈만한 데도 없는 아이들을 집에 붙잡아 두기 힘든 부모들이 데리고 나온 것이리라.

널찍한 공원 내 아무 데나 편한 곳에 주차하고 텐트를 치고 차박 준비를 미리 해뒀다. 어두워지면 깜깜해서 잠자리 준비하는 것이 힘들기 때문이다. 텐트를 친 자리 근처가 강이 흐른다. 루어낚시를 다시 해보기 위해서 캠핑 장소를 이쪽으로 잡았다. 자리를 잡고 나서 점심을 먹었다. 메뉴는 김밥과 아이가 좋아하는 쌀국수다.

점심을 먹고 아이는 요즘 새로 산 무선조종 자동차를 조종하면서 놀았다. 시간이 지나면서 조금씩 사람들이 들어왔다. 가족 단위인데 대부분 아이들을 데리고 온 한 명의 부모들이다. 인라인도 타고 자전거도 타고 배드민턴도 친다. 아이랑 나는 물방울 놀이를 했다. 집에 묵혀둔 안 쓰는 비눗방울 놀이를 가져와서 재밌게 해 본다. 그것도 시시해지면 낚시를 해본다. 텐트 친 곳 근처 강으로 가서 강 다리 위에서 낚시했다. 이리저리 오가면서 낚시를 해봤지만 한 마리 얼씬도 안 한다. 우리 실력을 알아본 것이겠지. 그래도 마지막엔 엄청나게 큰 놈이 내 낚싯대 미끼를 물려고 따라왔다. 그것만으로도 뭔가 낚은 기분이 들었다.

저녁은 밥을 새로 하고 스팸과 도시락 김에 먹었다. 저녁을 먹고 나니 벌써 어두워지려고 한다. 주변에 있던 아빠와 아이들 조합의 두 팀이 저녁을 일찍 먹더니 집으로 돌아갔다. 하루를 잔 것인지 당일 캠핑인지 모르겠다. 아마도 당일 캠핑인 것 같다.

그들이 가고 저녁이 되니 주위는 아무것도 보이지 않아 깜깜하다. 캠핑의 꽃 캠프파이어 시간이다. 깜깜한 밤하늘엔 별들만 보이고 캠프파이어 불빛만 주위 나무를 붉게 물들이고 있다. 가지고 온

인적 드문 캠핑장에서 조용한 캠핑을 즐긴다.
캠핑을 몇 번 해 보면서 불피우는 실력도 늘어간다.

고구마를 화로에 넣어 구워 먹었다. 역시 꿀맛. 불꽃놀이도 몇
번 했다. 자리를 정리하고 차에 들어가 엎드려 누워 아이와 애니메
이션을 보았다.

잠들기 전 일기예보를 보니 다음날은 아침부터 태풍급 강풍이 분
다고 한다. 맘이 불안해서 아침까지 잠을 몇 번 설쳤다. 아이는 아
무 걱정 없이 잠만 잘 잔다.

아침 일찍 일어나니 바람이 별로 불지 않는다. 그래도 오전 중
서둘러 돌아가려고 아이가 자는 동안 떠날 준비를 했다. 아이가 일
어나니 아침을 같이 먹고 텐트를 걷는데 바람이 거세지더니 텐트
가 날아간다. 막 굴러가는 것을 간신히 잡아서 접어서 넣고 나머지
짐들도 서둘러 넣었다. 일기예보는 맞았다. 떠나면서 보니 다른 사
이트의 텐트들도 바람에 심하게 흔들려서 고정하기 바쁜 모습이다.

그다음 주 다시 목계솔밭을 방문했다. 지난번 강풍으로 너무 일찍 돌아온 것도 아쉬웠고 워낙 캠핑장이 좋았고 낚시까지 할 수 있어 다시 가고 싶어졌다. 이번에는 날씨도 좋았다. 도착해보니 캠핑장이 다음 주부터 코로나 여파로 폐쇄된다는 현수막이 걸려있었다. 코로나가 끝나기 전 마지막 이곳에서의 캠핑이 될 것 같다. 코로나를 피해 가족 단위로 나온 사람들이 조금 있었다.

우리는 아무도 없는 곳에 여유 있게 자리를 잡았다. 한 번 와본 경험으로 처음보다 능숙하게 자리도 정하고 텐트도 치고 차박 준비를 했다. 아이는 텐트를 정리하고 그동안 점심 준비를 한다. 점심은 김밥과 라면이다.

정오가 되면서 태양 빛이 강하다. 우리는 낚싯대를 들고 세 번째 도전에 나섰다. 아이도 루어 낚시를 하는 것이 벌써 좀 익숙해진 모습이다. 그래도 고기는 쉽게 잡히지 않았다. 물고기를 못 잡아도 자연 속에서 낚시하는 자체만으로 재미가 있다. 이게 낚시의 묘미인가 보다.

캠핑장에 아이들이 많이 보인다. 강원도 원주에서 단체로 온 여러 가족의 아이들이다. 우리 아이도 또래의 그 아이들과 함께 돌을 주워다가 다리에서 강으로 던지는 놀이를 한다. 좀 위험해 보여 주의를 줘 본다.

저녁은 참치 데리야키 볶음밥이다. 근본 없는 요리라서 집에 있었으면 많이 안 먹을 건데 놀러 와서 해주니 잘 먹는다. 먹고 저번처럼 늦지 않게 일찌감치 캠프파이어를 한다. 열심히 불을 지피고 있으니 석양이 지고 밤이 찾아온다. 땔감이 떨어지자 솔밭에 가서 아이가 솔방울을 주워다가 불을 살린다.

　다음날은 지난번처럼 날씨가 궂지 않았기에 여유롭게 일어나서 스팸에 밥에 쌀국수에 아침을 먹고 또 낚시를 했다. 역시 잡히지 않는다. 텐트로 돌아와서 아이는 무선조종 자동차 놀이를 한다. 점심을 먹고 돌아가려고 하니 가져온 식자재가 다 떨어지고 없다. 코로나가 아니었다면 가면서 식당에서 먹으면 되지만 여의치가 않다. 그래서 인근 중국음식점에 자장면과 탕수육을 시켜서 먹고 돌아왔다.

다시 찾은 남해안 할머니 집

학교 개학이 다가오면서 정식 등교 개학을 하기 전에 시간이 있을 때 지방에 계신 할머니 댁에 한 번 더 다녀와야겠다는 생각이 들었다. 코로나가 발생하기 전에 겨울 방학 때 한 번 방문했었고 그때 날씨 따뜻해지면 한 번 더 놀러 가기로 한 약속도 있었기 때문이다. 4일의 일정으로 할머니 댁을 방문했다. 첫째 날과 마지막 날은 내려가고 올라오면서 길에서 시간을 보냈다.

둘째 날은 강진군 일대를 여행했다. 강진의 '남미륵사'가 철쭉으로 유명하다는 글을 보고 꽃을 좋아하시는 어머니를 모시고 다녀왔다. 절은 부처님 오신 날을 앞두고 사람들이 많았다. 그래도 대부분 마스크를 착용하고 절 입구에서는 신분 확인 등을 하고 있었다. 철쭉은 약간 절정이 지났지만, 아직도 많은 꽃이 절을 수놓고

'김영랑 생가' 뒤편 대나무 숲을 오르면 '세계 모란 공원'이 나온다.

있었다. 대형 불상조각과 높은 탑 등을 구경하고 '김영랑 생가'를 찾아갔다.

'모란이 피기까지는'과 '돌담에 속삭이는 햇발같이' 같은 순수 서정시를 지은 김영랑 시인의 생가이다. 강진 구청 전기차 충전소에 차를 충전해두고 갔다. 생가 입구 도로부터 모란꽃이 피어있었다.

아이뿐 아니라 나도 모란이란 꽃을 처음 봤다. 예전에 모란꽃인지도 모르고 보았을 수도 있으나 기억에 없고 아무튼 그날 처음 모란꽃을 알게 되고 보게 된 것이다. 생가는 잘 정돈되어 있었다.

아이는 생가 부엌에 들어가서 풀무질하는 것도 돌려보고 무거운 가마솥 뚜껑도 열어보며 흥미를 보였다. 마루에 신발 벗고 올라가서 사진 포즈도 잡는다. 생가 뒤편을 오르면 '세계 모란 공원'이 있다. 다리가 아프신 어머니를 두고 아이와 둘이 올라갔다. 모란꽃과 각종 꽃과 조형물들이 전시되어 있었다.

마지막 방문지인 가우도로 향하는 도중 '석문공원 구름다리'를 올랐다. 도로를 가로질러 산을 연결해서 만든 다리로 높이가 좀 있어서 약간 아찔한 재미가 있다.

'가우도'는 강진으로 깊숙이 들어와 있는 강진만의 한가운데 있는 섬으로 인근 육지와 긴 다리로 연결되어있다. 다리를 건너는데 바람이 거세서 모자를 붙잡지 않으면 날아갈 정도다. 아이와 가우도까지 건너갔다가 돌아왔다.

셋째 날은 '선암사'를 찾아갔다. 선암사는 나도 여러 번 가보았고 어머니도 나보다 더 많이 다녀오셨지만, 겹벚꽃이 4월에 핀다는 것은 이번에 가보고 처음 알게 되었다. 과장해서 아이 주먹만 한 벚꽃이 우리를 놀라게 했다. 수도권도 이때쯤이면 벚꽃이 다 지는데 남쪽 지방에서 지금 이렇게 커다란 벚꽃이 핀다는 것이 신기했다. 선암사는 겹벚꽃과 자산홍이 어우러져 화려한 산사의 모습을 연출하고 있었다.

아이는 그곳에서 자기가 좋아하는 보석 목걸이와 팔찌를 사서 더 좋아했다. 그곳 근처 식당에서 오랜만에 외식으로 비빔밥을 먹었다. 코로나 사태 후 얼마 만인지 모른다.

　구례로 이동해서 '지리산 치즈랜드'를 방문했다. 4월 초에 피는 노란 수선화꽃으로 유명한 것 같은데 우리가 갔을 때는 다 지고 없었지만, 주변 경관이 워낙 좋아서 아쉽지가 않았다. 전망대 동산까지 올라가서 저수지와 주변을 관망하고 내려와서 저수지에 놓인 다리도 건너보았다. 건물로 돌아와서는 거기서 생산하는 요구르트를 사서 먹어보았다. 맛이 좋아 몇 개 더 사서 가지고 돌아왔다.

　집으로 돌아오는 길에 여수반도에서 고흥반도를 연결하는 바다 위 다리가 생겼다고 해서 들렀다. 섬들을 바늘에 실 꿰듯 연결해 놓은 다리였는데 이 다리로 인해 두 반도를 오가는 사람들이 참 편해지겠다는 생각이 들었다.

8장

아이와 함께 크는 아빠

아빠가 되어가는 시간 들

　내가 30대 중반 아내를 만났다. 그해 초 인사 발령으로 인해 지금 사는 지역으로 내려오면서 이곳에 근무하고 있던 아내를 직장에서 만나서 사귀다가 그해 늦가을 결혼을 하였다. 결혼 후 아이를 나중에 가진 다던지 안 가진 다던지 하는 특별한 자녀계획을 가지고 있진 않았고 자연스럽게 아이는 갖는다는 생각을 서로 하고 있었던 것 같다. 몇 명 가진다는 구체적 생각도 없었다. 다만 나는 '두 명 이상이면 좋겠다.'라고 예전부터 막연히 생각하고 있었던 것 같다.

　아이를 가진다는 것이 맘대로 안 되는 줄 그때는 몰랐다. 결혼 후 시간이 흘러가는데 아이가 금방 생기지 않았다. 그렇다고 조바심이 나거나 하지도 않았던 것 같다. 부모님들이 더 걱정하시지 않앉을까. 그때는 몰랐지만 지금 생각해 보니 그렇다. 하지만 시간이 지남에 따라 아이가 생기지 않자 우리도 조금씩 희망을 품었다가 실망했다가 하는 감정을 조금씩 느껴 갔다.

그러다가 결혼 후 만 3년이 조금 안 되었을 때 마침내 아내가 아이를 가지게 되었다. 그리고 그다음 해 아이를 출산하게 되었다.

나는 아내가 아이를 가지기 시작하면서부터 '태교 일기'를 적었다. 아이의 태명은 '순산이'였다. 아내가 순산하길 바라는 의미였다. 그만큼 임신하면서부터 아내의 약한 체력이 걱정이었다. 임신 초기부터 심한 입덧을 하며 회사에 다니는 아내는 무척 힘들어했다. 출산 시에는 아내가 더 힘들었다. 입원 한지 꼬박 만 하루를 진통하고 나서야 간신히 아이가 태어났다.

태교 일기에는 출산일, 기다리던 아이와 만나는 기쁨과 함께 아내가 위험했던 극적인 순간이 휘갈긴 글씨로 기록되어있다.

…

순산이는… 에 태어났다. 축하해. 반가워 순산아. 몸무게 확인하고 태아 이동 차량에 들어갔다가 싸서 나한테 안겨줬다. 묵직하니 기분이 좋았다. 울지도 않았다.

…

병실에 가서 보니 ○○이가 누워있었다. 고생했다고 말해줬다. 말로는 너무나 부족했다. 그때 갑자기 ○○이 소리치며 울렁거린다며 토를 하기 시작했다. 먹은 게 없어서 위액과 침만 나왔다. 그리고 하혈하기 시작했다. 위급한 상황이다. 난 순산이 나오고 안도의 한숨을 쉬고 있었는데 다시 긴장이 몰려왔다. 가족들도 나가 있으라 하고 뒤처리하는

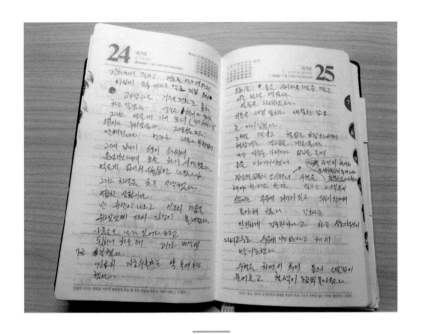

아이를 가지면서부터 쓰기 시작한 '태교 일기'는 그 후 '육아 일기'가 되었다.

데 피가 바닥에 조금 흥건했다. 긴급히 자궁 수축하는 약 투여했다. ○○는 몸을 사시나무 떨듯 떨고 이를 덜덜 떨었다. 얼굴은 하얘졌다. 이불을 세 겹 덮이고 따뜻한 담요를 다시 덮였다. 그래도 떨리고 혈압은 급강하해서 혈압계는 경고음을 계속 냈다. 내가 얼굴을 가져다가 입김을 불며 몸을 마사지시켰다. 의사가 오시더니 수혈을 해야 한다고 한다. ○○는 수유에 지장이 있고 의심이 된다며 불안해했다. 간호사는 안전하게 검증된 거라고 하고 산모가 우선이라며 교수도 수유에 지장 없다고 해서 맞기로 했다. 수혈하면서부터 몸의 떨림이 줄어들고 혈색이 조금씩 돌아왔다.

...

수혈을 할 수 없는 시대에 태어났었다년 위험했을 상황이었다.

태교 일기는 아이가 태어나서도 계속 이어져 '육아일기'가 되었고 출생 후 약 1년간은 꾸준히 적었다. 지금 보니 소중한 기록이 된 것 같다. 지금은 전혀 기억이 안 나는 소소한 이야기들이 가득 적혀있다. 육아일기는 그 후 블로그에 기록을 하였다. 시간이 지나면서 그리고 아이가 커가면서 조금씩 조금씩 육아일기를 적는 횟수가 줄어 들어갔다. 그리고 대신 그 자리는 사진과 동영상으로 채워져 갔다.

아내의 육아휴직기

아내는 이미 약 2년간의 육아휴직을 하고 아이를 돌봤다. 아이가 태어났을 때와 2, 3살 때 휴직을 하였다. 모든 것을 해줘야 하는 갓난아기와 한참 자기주장이 강해지기 시작하는 2, 3살 때 휴직을 한 아내는 지금 초등학교 1학년 때 휴직한 나와는 또 다른 어려움이 많았다고 한다.

아이는 사랑스러운 존재고 기쁨을 주는 존재이지만 갓난아기 때는 한순간도 아이 곁을 떠날 수도 없고 기본적인 생체활동을 다 처리해줘야 해서 체력적으로 엄청나게 부담이 된다. 또 말 못 하는 아이와 함께 오래 지내다 보면 정신적으로도 쉽게 지치게 된다. 2, 3살 때는 점점 자기주장이 강해지는 시기라서 부모가 여러모로 힘든 시기이다. 아내는 요즘도 가끔 아이가 마트에서 드러누워 떼쓴 이야기를 해주며 웃는다.

아내는 아이의 말이 또래에 비해 늦어서 언어치료 센터도 상담하러 데리고 다녔다. 나도 기억나는 것이 아이 건강검진 받으러 갈 때 아이가 할 수 있는 단어의 수를 적어오라고 해서 세어보니 10개가 넘지 않았다. 기준보다 턱없이 낮아서 아이의 옹알거리는 소리도 말하는 거로 쳐서 10개가 넘는 단어를 일부러 적어서 내기도 했다. 지금은 누구보다 말을 많이 한다. 너무 많이 해서 힘들 지경이다.

또 아내가 휴직할 시기에는 병원에 갈 일이 많았다. 아이의 의무 예방 접종 주사를 맞히러 일 년이면 몇 번씩 다녀야 했고 감기나 기관지염 장염은 왜 그렇게 자주 걸리는지 수시로 병원을 들락거려야 했다.

그 시기 육아휴직을 한 아내는 무척 힘들었음을 육아휴직을 해보니 더 잘 알 수 있게 되었다.

아빠의 육아휴직 하루 일과표

초등 1학년인 아이에게도 시간표가 있듯이 육아휴직을 한 나에게도 하루 일과표가 있다. 아빠이자 남편인 내가 육아휴직을 하게 되면서 우리 가족의 일상은 그동안 맞벌이로 지내오던 우리 가족의 하루 일상과는 다르게 진행되었다. 그중에 가장 큰 변화는 당연히 나의 일상이다. 대부분의 가정주부의 일상과 같다고 보면 되므로 특별한 것도 없지만 처음 육아휴직을 하고 살림을 책임지는 엄마의 역할을 하게 되는 육아 휴직한 아빠들에게는 조금 익숙하지 않은 생소함이 있다.

긴 사회생활을 멈추고 휴직을 하게 되면 가지게 되는 무한할 것 같은 자유의 시간과 의욕으로 처음에는 이것저것 시도하게 된다. 새로운 요리도 시도해보고, 아이와 여행도 꿈꾸고 집안을 싹 정리해 보려고도 한다. 하지만 사람인지라 시간이 지나면 의욕도 조금 줄어들고 하루의 시간도 무한하지 않고 아이가 학교에서 돌아오는 시간은 너무도 빨리 다가오고 아내의 퇴근 시간도 금방이다. 그래서 어느 정도 시간이 지나면 자기만의 생활 방식을 가지게 된다.

아침에 일어나서 먼저 하는 일은 출근 준비하는 아내와 아직 일어나지 않은 아이를 위한 아침 식사를 준비한다. 맞벌이 때보다는 아침을 잘 먹어야 하지 않을까 하는 생각에 좀 더 신경을 쓰지만 그리 나아지지는 않은 것 같다. 다만 맞벌이 때는 서로 바빠서 쫓기듯 했으나 내가 집에 있으므로 아내와 아이에게 초점을 맞춰줄 수 있어서 시간에 쫓겨서 서로 감정이 부딪히는 일이 없다.

아내가 출근하고 나서 자고 있거나 놀고 있는 아이의 아침 식사를 도와주고 일기예보를 보고 날씨에 맞는 옷을 입히고 칫솔질시키고 학교 홈페이지에서 알림장을 보고 그날 준비물을 챙겨주고 학교를 등교시킨다. 휴직하고 거의 매일 교문 앞 신호 등 건너기 전까지 함께 갔는데, 1학년이 끝나가는 무렵이 되자 같은 아파트 사는 친구랑 함께 가고 싶어 하기도하고 혼자 가고 싶어 하기도 했다. 아이도 점점 크고 있는 것이다. 1, 2년 지나면 부모랑도 같이 안 다니려고 한다더니 벌써 시작되었나 생각이 들었다. 그래도 아직 아빠랑 함께 가는 것을 좋아하는 것 같다.

아이를 등교시키고 나면 9시가 된다. 등교를 시켜놓고 집안을 정리하고 나서 운동 삼아 집 근처 산에 올라간다. 육아휴직 후 망가진 체력을 보충하기 위해 운동을 결심하고 수영하러 다녔는데 남자 주부로서 평일 수영은 하기가 쉽지 않다는 것을 깨닫고 -평일 오전은 여성 전용 수영이 대부분이다, 하려면 직장인과 함께 새벽 수영을 해야 한다- 내가 좋아하는 등산으로 종목을 바꾸었다. 계절마다 바뀌는 산의 풍경을 느끼며 산행을 한다. 처음에는 한 시간 넘게 걸었으나 나중에는 대략 한 시간 정도만 걸었다. 비가 오는 날만 빼고 매일 하려고 하였다.

10시경에 집에 돌아와서 씻고 본격적인 집안일을 한다. 아침 식사 설거지를 하고 이불을 개고 옷가지를 모아서 빨래 돌리고 어질러진 집안을 치우고 바닥 청소를 한다. 거북이 어항이나 물고기 어항도 시간을 내서 청소하고 쓰레기 분리수거도 한다. 이 시간에는 집안일 하면서 인터넷으로 유명 강의를 듣는다. 지루하고 단순한 시간도 즐거운 시간이 되니 좋다. 음식 재료와 공산품 등 생필품을 사러 나가는 시간이기도 하다.

이런 일들을 마치고 나면 대략 점심 식사 시간 전까지 조금 시간이 남게 된다. 이때가 혼자만의 휴식 시간이 된다. 책도 읽고 차도 마시고 영화도 보고 인터넷 검색도 하고 노래도 듣는다. 아주 짧은 시간이지만 소중한 시간이다.

점심을 먹고 옷을 챙겨 입고 아이를 데리러 갈 시간이다. 초등학교 1학년은 점심 급식을 먹고 얼마 지나지 않아 하교한다. 시간이 지나고 익숙해지면 혼자서도 집에 올 수 있지만 내가 휴직하는 동안에는 항상 교문 앞 횡단보도 건너서 그 앞에서 기다렸다. 아이는 아빠를 보고 미소를 짓고 신호가 바뀌면 전력 질주로 달려와서 안긴다.

요즘 아이들은 학원을 많이 다닌다. 우리 아이도 학원을 몇 군데

다니는데 대부분 집 근처에 있다. 그러나 아직 혼자 걸어서 다니는 것은 불안해 보여서 데려다주고 데려온다. 학원 차가 있을 때는 학원 차를 이용하지만, 근거리 학원들은 태권도 학원 빼고는 학원 차가 없다. 아이를 데려다주고 데리고 오고 하면서 만보계를 보면서 걷는 운동을 대신한다.

학원을 다 마치고 집에 오면 아이의 그 날 알림장을 보고 다음 날 준비물을 챙기고 숙제도 한다. 시험은 없지만, 일주일에 한 번 받아쓰기 시험을 보니 집에서 연습을 시켜준다. 연습을 도와주니까 100점도 맞아 와서 자신감도 생기게 해 준다. 학원에서도 숙제를 내주는 데 어려워하는 숙제는 도와준다. 저녁 먹기 전에 씻는 것도 챙겨준다. 목욕시키기는 어렸을 때부터 내 담당이었다.

아내가 돌아오면 저녁을 함께 먹고 그 후의 일상은 부부가 함께 하는 맞벌이 때와 비슷하게 흘러간다. 다만, 내가 집에 있어서 저녁에 해야 하는 일-밀린 빨래, 설거지, 집 안 청소-이 없어서 아내도 아이도 바로 휴식을 취하고 책도 읽어주는 여유를 가질 수 있다.

이런 일상을 주말과 공휴일을 빼고 반복하고 주말과 공휴일에도 아무래도 직장을 나가지 않아 좀 더 체력적으로 여유가 있는 내가 집안일을 맞벌이 때보다는 더하게 되는 것 같다. 그리고 아이와 여행을 가거나 해서 의도치 않게 아내가 집에서 혼자 쉬게 해주기도 한다.

2학년이 시작되기 전에 전 세계적으로 유행한 코로나바이러스 영향으로 학교 개학이 계속 연기가 되다가 온라인 개학이 시행이

피아노 선생님의 소개로 방문한 '프라움 악기박물관'에서는 연주 영상도 볼 수 있었다.

되면서 나의 하루 일과표도 달라지게 되었다. 온라인 개학이 익숙
하지 않은 아이를 위해 오전에는 아이의 학습을 보조해주는 일로
보내게 되었고 오후에는 코로나 여파로 학원을 가지 않는 날이 길
어지면서 가정에서 나와 보내는 시간이 더욱 늘어나게 되었다. 학
교를 아예 가지를 못하고 있었으니 역사상 초등학교 1, 2학년을
둔 육아휴직자 중에서 이 정도로 많은 시간을 아이와 보내는 사람
은 없었을 것이다.

나를 재충전 하자

육아휴직은 나의 인생에서 또 한 번의 쉼과 멈춤을 주었다. 현재의 직장생활을 시작한 후 14년 만에 처음으로 쉬어보는 것이다. 물론 쉬는 것이 그냥 편하게 휴식을 가지는 것이 아닌 아이를 돌봐야 하는 육아휴직이긴 하지만 빡빡한 직장생활을 잠시 멈추고 쉰다는 의미는 크다.

그동안 쉼 없이 달려온 인생 중 몇 차례의 쉼과 멈춤이 있었다.

고등학교 1학년을 마치고 2학년이 될 때쯤 몸이 안 좋아서 병원에 몇 달을 입원하게 되었다. 그 바람에 2학년으로 진학을 못 하고 집에서 쉬었다. 그 시기 주로 도서관에 가서 공부했고 나머지 시간은 여유롭게 빈둥거리며 놀았다. 특별히 뭔가를 하지는 않고 자전거 타고 시내를 돌아다니고 책도 읽고 일기도 쓰고 라디오랑

TV도 많이 듣고 보고 오락실도 가고 해외 친구와 펜팔도 하고 그 랬던 것 같다.

감수성이 예민했던 시기, 그때 홀로 여러 가지 생각도 많이 하고 자유롭게 보냈던 기억이 내 삶에 많은 영향을 끼친 것 같다. 가끔 조용히 홀로 있으려는 경향이나 간혹 가던 길에서 과감히 벗어나 는 성향도 이때 몸에 밴 것이 아닐까 한다. 아무튼, 그때 놀면서도 도서관에서 여유롭게 공부한 도움으로 다시 학교에 복학하여 수월 하게 공부를 따라갈 수 있었다. 어린 나이에 복학생 형이라는 칭호 를 얻게 된 단점은 있었다.

두 번째 멈춤은 군대 제대하고 대학을 다닐 때였다. 전공은 적성 에 안 맞는데 대학 졸업장은 따야겠고 하는 마음에 억지로 학비를 축내며 학교에 다니던 시절이었다. 집안에 갑자기 우환이 생겨서 갑자기 학기 말에 짐을 정리하고 고향으로 내려왔다. 학기말 시험 을 못 봐서 다 망쳐놓고 내려온 것이다. 학교도 다니기 싫은데 이 참에 그만 다녀야겠다고 생각할 무렵 우연히 워킹홀리데이 프로그 램 공고를 보고 학교를 휴학해 두고 일본으로 떠났다.

그곳에서 1년간 쉼이 아닌 사서 고생을 하였지만, 대학 때 잃어 버린 열정을 다시 찾아서 돌아왔다. 그 기회로 체험기를 써서 다른 사람들과 공동으로 책까지 낼 수 있었다. 또한, 그때 익힌 일본어 를 무기로 새로운 분야로의 취업까지 연결될 수 있었다.

공직에 뜻을 두고 전력을 다해 공부했고 몇 차례 고배 끝에 합 격하였다. 합격 후 망가진 몸을 추스르며 몇 달을 발령 대기 상태 에서 쉬었다. 혼자서 동해로 대중교통을 이용해서 여행을 다녀왔다. 아침 일찍 숙소에서 자고 일어나서 본 정동진의 일출이 기억난다. 또 강원도 내륙 깊숙이 들어가서 문화유적을 보러 다닌다고 해가 지기 전까지 미지의 땅을 밟고 돌아다닌 기억은 희미한 향수로 내게 기억되고 있다.

최근 처남이 내가 육아휴직에 들어감과 비슷한 시기에 회사에 자기 계발 휴직을 신청하고 캐나다로 떠났다. 나의 그동안의 몇 차례의 쉼과 멈춤의 기억들과 겹쳐 보여서 남다르게 보이지 않았다. 용기 있게 떠날 수 있음에 그리고 자유로운 모습에 부러움도 느꼈다. 난 돈 많은 사람보다 자유로운 사람이 더 부럽다.

쉼과 멈춤은 긴 인생에서 꼭 필요하다. 되돌아보면 쉬는 것은 도태가 아니었다. 몸과 정신의 건강을 회복하고 열정을 다시 찾고 새로운 시작을 위해 힘을 보충하는 소중한 시간이었다.

지금의 나의 육아휴직은 아이와 나의 미래를 위한 보약이 될 것이다. 아이에게는 정말 중요한 심리적 안정감과 깊은 애착 관계를 형성하게 하고 평생의 동반자이면서 조력자인 아빠와의 관계를 정립할 수 있는 시간이 될 것이고 아빠인 나에게는 몸과 마음을 쉴 기회를 준다.

아이와 지내기에도 바쁜 시간이었지만 조금씩 혼자만의 시간을 활용하여서 해보려고 했던 것들이 있다.

운동 운동을 해보려고 해서 처음 수영을 하다가 아이 학교 일정에 맞추기 힘들어서 시간을 자유롭게 낼 수 있는 뒷산 오르기로 종목을 바꾸었다. 시간 날 때면 가볍게 접근할 수 있는 운동이고 시간 제약이 없어서 좋았다. 코로나로 인해 수영장이나 다중 체육 시설 이용이 금지되면서 더욱 등산만 하게 되었다. 아이와 아내도 함께 가벼운 등산을 하며 가족애를 다졌다.

여행 여행을 좋아해서 아이와 차박 여행이나 당일 여행을 자주 갔고, 아이를 다른 가족이 봐줄 때는 잠시 여행을 다녀왔다. 이럴 때 잠시나마 아이와 떨어져서 진정으로 나를 되돌아보고 찾는 시간이 되었다. 아이와 캠핑을 나오면 아이도 좋아했고 직장에 다니는 아내는 우리가 없는 시간에 자기만의 시간을 가지고 쉴 수 있어서 좋았다.

독서 아이에게 고전을 읽혀보려고 시작을 했고, 마음에만 두고 있었던 고전 읽기를 하려고 시도를 했다. 휴직한 직후 가장 열심히 했던 것 같고 겨울 방학이 되고 코로나 사태로 이어지면서 아이와 계속 함께 지내게 되면서부터는 차분히 책을 읽을 시간을 내기가 쉽지 않게 되었다.

글쓰기 휴직 기간에 문득 아이와의 이 소중한 1년의 추억을 기록하고 싶어졌다. 사진이나 동영상의 기록은 남겠으나 나와 아이 모두에게 정말 다시없을 이 시기의 일들을 글로 남기고 싶어 글을 적기 시작했다. 이 글이 내 뒤를 이어 '아빠 육아휴직'을 하게 될 또 다른 '아빠 휴직자'들에게 조그만 영감을 줄 수 있기를 바라며 글을 썼다. 글을 쓰면서 더욱 충실하고 보람찬 휴직을 보낼 수 있었던 것 같다.

악기 연주 휴직을 하게 되면 내 용돈으로 일렉트릭 기타를 꼭 사서 배우고 싶었다. 예전 직장에서 잠깐 연주 동아리에 가입해서 기타를 배운 적이 있었는데 너무 좋은 기억으로 남아있었기 때문이다. 근데 이 돈은 아이와의 차박 여행을 위한 각종 캠핑용품 구매에 쓰게 되었다. 그래서 기타 연주의 꿈은 미루어지게 되었다. 그 대신 아이가 피아노를 배우면서 집에 아내가 학창 시절 쓰던 피아노를 처가에서 가져오게 되었고 나도 피아노를 아내와 아이의 어깨너머로 배우기 시작하였다. 지루한 일상에서 악기 연주는 활력소가 되었다.

법륜 휴직을 하고 즐겁고 소중한 시간을 보냈지만 고되고 힘들고 짜증이 나는 일은 그중에서도 있었다. 우연히 법륜 스님의 강의를 인터넷 매체에서 접하고 많은 위로와 깨달음을 얻었다. 휴직 기간 스님의 말씀으로 더 알찬 휴직 기간을 보낸 것 같다.

월든 고전 중에서 '헨리 데이비드 소로'가 쓴 '월든'을 읽고 그 내용 속의 삶을 동경해 왔다. 나도 소로처럼 진정 내가 원하는 방식으로 한 번은 살아보고 싶었다. 소로는 이 년간 호숫가에 집을 짓고 자급자족의 삶을 살면서 자신이 원하는 방식으로 자주적으로 삶을 살았다.

나도 한 번은 그런 삶을 살고 싶었는데 육아휴직은 가족과 연결이 되어있어서 내가 원하는 방식만의 삶은 살 수가 없다. 그러나 사회를 떠나서 살 수 없는 현실 속에서 육아휴직의 방식만 놓고 보자면 진정 내가 원하는 방식으로 산 일 년이 아니었나 생각한다. 다만, 난 만족하고 행복했지만, 아이도 나의 방식이 만족스러웠기를 바랄 뿐이다.

9장

왜 아빠가 육아휴직을 해야 할까?

육아휴직의 장점

내가 휴직하고 자주 듣는 법륜 스님의 강의 중에서 육아에 관한 이야기 중 자주 나오는 말이 '아이가 세 살 때까지는 부모가 키워야 한다'라는 것이다. 이 기간이 아이의 정서와 심성이 생성되고 굳어지는 시기이기 때문이라고 한다. 이 이야기를 듣고 우리 가정의 상황을 되돌아봤는데 중간에 약간의 단절은 있었지만, 아내가 육아휴직을 하고 아이가 세 살 때까지는 곁에서 돌본 것 같다. 그 후에는 어린이집과 유치원을 보내면서 맞벌이 생활을 유지할 수 있었다.

어린이집과 유치원은 돌봐주는 시간이 그나마 길어서 출근 때 맡겨두고 퇴근 시 데려올 수가 있어서 일과의 병행이 힘들긴 하지만 부부가 시간을 조금씩 내면 가능하였다. 그러나 초등학교에 들어가면서부터 학교에서 지내는 시간이 짧아져서 보육의 문제가 발생하였다. 하교 후 시간을 아이 혼자 학원을 전전하기에는 아직 어리고 체력적으로도 힘들다. 거기에 초등학교라는 새로운 환경에 적응해야 하는 어려움도 생겼다. 이런 여러 이유로 육아휴직에 들어가게 되었다.

맞벌이 가정 등 여러 가지 이유로 인해 육아를 부모가 하지 못하고 있는 가정이 많다. 아이 돌봄 시스템이 예전과 비교해 다양해지고 질적으로도 나아지고 있지만, 부모의 육아를 완벽히 대신해주지 못하는 부분도 있다. 여러 어려움에도 불구하고 현재의 직장을 벗어나서 아이를 돌보기 위해 육아휴직을 하게 되면 얻는 장점은 여러 가지가 있다.

먼저 가장 큰 장점은 조부모나 타인에게서 느끼기 힘든 무한대의 안정감을 들 수 있다. 아이가 하교 후 집에 오면 '부모가 나를 기다리고 있다'라는 사실은 상당한 안정감을 준다고 생각한다. 물론 조부모님들에게도 부모에게서 만큼의 안정감을 느낄 수 있으나 매일 같이 자고 먹고 생활하는 부모에게서 느끼는 안정감과는 비교할 수 없을 것이고 조부모님들의 체력적 어려움으로 인해 보육이 쉽지 않은 것이 현실인 상황에서 부모의 완벽한 대안이 되기 힘들기도 하다.

또한, 육아휴직을 통해 자녀의 성향과 기호를 더 자세히 파악하여 부모들-그중에서 특히 소원해질 수도 있는 아빠-과 자녀 간의 벽을 허물고 건전한 애착 관계를 형성하는 기회가 될 수 있다.

부모 한 명이 가정이 있게 되면 장기적인 방문이 필요한 상처

치료나 치과 치료 등을 할 때와 각종 학원의 보강 등을 잡을 때 일정을 잡는 데 부담이 없다.

가정 경제적인 면에서 보자면 휴직자는 육아휴직 동안 육아휴직 수당을 제외한 소득이 없기에 가정 경제가 비상사태로 운용된다. 이 길다면 길고 짧다면 짧은 기간 동안 가정 경제의 현재 상태를 시험하고 파악해 볼 수 있는 기회가 된다. 육아휴직에 들어가면서 점점 줄어드는 집안 통장의 잔액을 보면서 아이의 과도한 사교육이 있다면 다시 리모델링을 해 볼 수도 있겠고 소비 및 지출을 좀 더 건전한 방향으로 바꿔서 이후 가정 경제가 건전하게 돌아갈 수 있는 기점이 될 수도 있다. 휴직 기간은 많이 벌고 많이 쓰는 소비문화에서 알맞게 소비하는 습관을 시도해 볼 수 있는 좋은 기회가 된다.

아무리 퇴근 후나 주말에 집안일과 육아를 도와준다고 해도 가정 살림과 아이들의 사생활을 전부 이해하기는 힘들다. 직접 육아휴직을 해서 온종일 가정의 하루가 어떻게 돌아가는지, 아이가 어떤 일정으로 지내고 있는지 옆에서 돌보다 보면 가정 살림 및 육아에 대한 이해의 폭이 엄청나게 넓어진다. 이로 인해 상대 배우자에 대한 이해심이 더 커지게 되고 아이를 바라보는 이해심도 더 넓어지게 된다.

요즘 직장 내에서 주변 동료가 육아휴직에 들어가는 상황이 점점 늘어나고 있다. 이런 상황에서 직접 육아휴직을 겪어본 사람들은 육아휴직 자체에 대한 긍정적인 생각을 더 갖게 되고 해당 동료에 대한 이해의 폭도 넓어질 수 있을 것이다.

무엇보다 휴직 기간이 본인에게 있어 가장 중요한 점은 그동안의 직장생활을 되돌아보고 미래를 다시 계획해 볼 수 있는 자기 성찰의 시간이 될 수 있다는 점이다.

초등 저학년 육아휴직의 장점

　나는 육아휴직을 아이가 초등학교 입학할 시기에 하게 되었는데 아이가 태어난 지 얼마 안 된 영아이거나 부모의 도움이 더욱 절실한 유아 시기에 육아휴직을 한 부모도 있다. 의사소통도 잘 안 되고 아이의 생리적 욕구를 해결해주며 하루 종일 붙어있어야 하는 분들의 힘듦을 보면 난 그나마 나은 것 같다고 생각하기도 했다. 그런 면에서 그 시기에 휴직했던 아내에게 고마운 마음이 든다.

　육아휴직을 사용하는 동료들을 보면 3년의 사용 가능 육아휴직 기간 중 1년은 남겨두고 2년만 아이가 어릴 때 사용하고 1년은 초등학교 입학하는 1학년 때 쓰는 경우가 많았다. 그만큼 초등학교 1학년은 영유아기만큼 부모의 손길이 필요하다는 이야기일 것이다.

초등학교에 입학하면 그동안의 어린이집 유치원 때와는 또 다른 환경이 기다리고 있다. 아이들의 성향과 성격, 건강 상태 등에 따라 환경에 적응하는 정도는 다양하지만 많은 아이들이 초등학교 입학 후 바쁜 일상을 소화하며 적응하기 힘들어한다. 이때 부모의 육아휴직은 아이에게 많은 도움이 된다.

초등학교에 가면서 학교 내에서의 외부 활동이 늘어난다. 어린이집 유치원 때는 선생님이 등교 시부터 하교 시까지 함께 한다. 외부 활동 시에도 항상 선생님이 가까이 계신다. 그러나 초등학교에서는 쉬는 시간, 점심 식사 후 등 자유시간이 늘어나게 되면서 사고도 잦아진다. 이때 부모가 집에 있다면 연락을 받고 신속히 대처할 수 있어 좀 더 안심이 된다.

초등학교 1학년 때 사귄 친구는 졸업할 때까지 그리고 그 후에도 깊은 교우관계를 유지하는 경향이 많다. 그래서 초등학교 1학년 때 잘 맞는 친구를 사귀는 것이 중요하다. 예전 나의 어린 시절처럼 동네 놀이터를 나가서 만나는 친구들과 스스럼없이 친해지고 학교 내에서 같은 반 아이들끼리 운동장에서 놀며 친해지던 모습은 요즘에 보기 힘들다.

학생들은 하교와 함께 학원으로 향하기 바쁘다. 그래서 자연스럽게 친구를 사귀는 것이 더 어려워진 것 같다. 이때 학부모들끼리 서로 안면이 있다면 더 쉽게 친구들과 친해질 기회가 생긴다. 나는 아빠여서 다른 대부분의 학부모인 친구 엄마들과 접촉하기 어려워서 적극적으로 그렇게 못 해 준 점이 있다.

요즘 아이들은 정말 바쁘다. 그래서 체계가 잡히지 않은 스케줄

관리를 해주고 그 시스템에 익숙해질 때까지 곁에서 도와줘야 한다. 그리고 초등 1학년, 2학년의 학습 난이도는 아직 낮아서 부모가 조금 곁에서 도와주며 자신감도 가지게 해 줄 필요가 있다.

아빠 육아휴직의 장점

남성 육아휴직에 대한 인식은 긍정적인 방향으로 빠르게 변화하고 있다. 아직 남성이 육아휴직을 하는 것이 현실적으로 어려운 부분도 많지만, 예전보다 남성 육아휴직자를 바라보는 시선이 부드러워졌음을 느낀다. 아직 육아휴직자 대부분이 여성이고 아이들이 엄마의 도움을 더 필요로 하지만 남성인 아빠가 육아휴직을 하여 얻게 되는 장점도 있다.

특별히 남성만의 장점이라고는 볼 수 없지만 대체로 아빠들은 기동성과 체력에서의 장점을 살려서 육아를 할 수 있다. 또 아이가 같이 놀 수 있는 나이의 남자아이라면 비슷한 남자들 간의 성향을 살려서 같은 취미활동을 하거나 여행을 다닐 수도 있다. 장거리 여행이나 캠핑 같은 것을 떠날 때도 아빠가 좀 더 자신감을 가지고 아이들을 돌볼 수 있을 것이다.

　내가 어릴 적 많이 해보지 않은 여러 놀이를 아이 핑계 삼아 같이 재미있게 하고 있다. 아이와 여행을 떠나도 아내가 걱정을 크게 하지 않는 것도 아빠와 함께 가기 때문이 아닐까 한다. 캠핑지에 가도 혼자 아이를 데리고 오는 부모는 대부분 아빠들이었다.

　바쁜 일상으로 아이와 함께해주기 힘든 아빠들의 현실에서 육아휴직 기간 아이의 사생활을 함께 하며 아이의 성향과 정서를 파악하고 나누면 휴직이 끝나고 현장으로 돌아간 뒤에도 아이에 대한 이해의 폭이 커져 좋은 관계를 계속 유지하는 데 도움이 될 수 있다.

아빠가 육아휴직 시 주의할 점

육아휴직을 하면서 나의 성향이 아이를 돌보는 육아와 잘 맞아서 끝까지 잘할 수 있었던 것 같다. 물론 아내가 보기엔 허점투성이에 잘 챙기지 못한다고 구박을 하는 때도 있었지만 대체적으로 아이가 즐겁고 편안하고 안정감 있게 생활했다는 점만 놓고 봤을 때 나의 육아휴직은 성공적이었다고 자찬해본다.

휴직을 시작할 때를 돌이켜 보면 육아휴직이라는 것이 처음에는 참 낯설었던 것 같다. 그래서 아빠가 육아휴직을 한다는 점에서 주위의 시선도 의식이 되고 어색했다. 아무래도 '육아는 엄마'라는 생각이 지배적이기 때문에 아빠가 직장을 안 다니고 아이를 따라다닌다는 것은 아직도 낯선 풍경인 것이다. 그래서 휴직한 아빠들은 사회로부터 떨어져 있다는 생각과 육아를 한다는 시선 때문에 휴직 초기에 우울해지거나 위축될 수가 있다. 그러나 시간이 지남에 따라 이 생활도 일상처럼 익숙해지게 되고 다른 이의 시선도 느껴지지 않게 된다. 이 시간이 다시 오지 않을 아이와의 소중한 시간인 것을 상기하고 즐겁게 아이와 생활하는 것만 생각하면 된다.

육아를 하다 보면 많은 절제가 필요해진다. 사회 생활할 때처럼 친구나 동료를 만나서 늦게까지 술을 마시거나 여가를 보내기 쉽지 않다. 밤에 무리를 하게 되면 낮에 아이를 돌보는 일에 지장을 받게 된다. 하루 연가를 낼 수도 없는 일 아닌가. 가끔 아내나 가족이 아이를 돌봐주는 날에 기분전환을 할 수밖에 없다.

아이를 돌보다가 재우고 난 저녁이면 내 시간을 갖고 싶어 밤에 이런저런 취미활동이나 하고 싶은 일을 하다 보면 늦게 자게 되고 그러면 다음 날은 또 피곤한 하루를 보내는 악순환이 반복된다. 이런 패턴은 나도 겪었고 다른 사람들의 육아에 관한 이야기를 듣다 보면 자주 겪게 되는 일인 것 같다.

하루 종일 아이들과 씨름하다가 아이가 자는 밤이나 저녁은 모처럼 돌아오는 자기만의 소중한 시간이어서 금방 잠들지 못한다. 특히 코로나로 아이가 학교도 가지 않고 하루 종일 같이 있는 시간이 길어지면서 내 시간을 갖기 위한 몸부림이 더 심해졌던 것 같다. 늦게까지 안 자다가 새벽에 잠들곤 했다. 그러나 이런 패턴은 생활의 질을 떨어뜨린다는 것을 깨닫고 되도록 일찍 수면을 취하려고 했다.

육아는 힘들고 긴 여정이므로 건강한 생활 습관을 가지고 시간을 내서 가벼운 운동도 하면서 체력관리도 잘해야 아이와 나 둘 다 건강한 육아휴직 기간을 보낼 수 있다.

육아휴직을 어떻게 보내면 좋을까?

육아휴직의 목적은 육아에 있다. 그러므로 아이가 정서적으로 안정되고 육체적으로 건강하게 지냈다면 육아휴직의 목적은 백 퍼센트 달성된 것이다. 거기에 더해서 아빠와 아이 모두 행복한 시간을 보냈다면 더할 나위 없이 보람 있는 휴직 기간을 보낸 것이다. 이 이상을 바라는 것은 과욕이고 육아휴직의 본질에서 벗어나는 것이다.

그렇지만 일생에 아이와 아빠에게 한 번뿐일 수 있는 황금같이 소중한 시간이기에 '좀 더 계획적인 휴직 기간을 보내보는 것은 어떨까' 제안해본다. 이런 긴 기간 아이와 아빠 단둘이 보낼 수 있는 시간은 일생에 다시 오기 힘들 것이기 때문이다.

어떤 휴직자는 아이와 함께 세계여행을 떠나기도 하는 것을 보았다. 그 정도는 아니지만, 시간을 내어 아이와 국내 여행을 당일로 다녀보는 것도 좋은 방법이다. 아이와 아빠 모두 캠핑을 좋아한다면 시간과 장소를 구애받지 않고 실컷 자연과 교감할 수 있는 좋은 기회이다. 박물관이나 유적지를 좋아한다면 체험학습을 내고 우리나라 최북단에서 최남단까지 역사 유적지를 모두 다녀보는 것은 어떨까.

일 년의 시간 동안 많이 체험하러 다니려고 했지만, 학교 수업, 학원 등원 그리고 코로나 사태 등으로 인해 그 횟수는 많지 않고 더 많이 못 다닌 것에 아쉬움이 남는다. 직장에 복귀하고서도 시간이 날 때면 아이와 다시 여행과 캠핑을 다닐 예정이다. 좀 더 아이가 크면 세계 배낭여행도 함께 떠나고 싶다. 아이와의 여행과 캠핑의 시작점은 이 육아휴직 기간이었기에 의미가 있었다.

육아휴직을 하게 되는 시기는 아이가 아직 본격적으로 학업으로 시간이 부족한 시기가 아니다. 그리고 아직은 친구 관계가 그렇게 다양하지 않아서 부모와 보내는 시간이 더 많고 잘 따르는 시기이다. 그래서 여행을 가거나 체험활동을 간다고 해도 잘 따라다니고 부모보다 더 좋아할 것이다.

갯벌 체험활동, 동식물 기르기 체험, 바닷가 체험 등 학교에서 많이 할 수 없는 다양한 체험활동을 해보는 것은 아이와 아빠 모두에게 값진 시간이 될 것이다.

또한, 할아버지 할머니가 멀리 살아서 자주 못 가보는 경우 이 기회를 활용해서, 평일에 조금 여유롭게 방문해 볼 수도 있다.

아이들의 교육이 중요해지는 시기이기도 하므로 지역 도서관을 잘 활용하여 책 읽는 습관을 길러줄 수도 있다. 도서관에서는 여러 행사를 진행하므로 시간을 내서 문화행사에 참여해보자. 이때 아이들의 교육 수준은 아직은 아빠 엄마가 봐줄 수 있는 정도이므로 학교와 학원에서 배우는 것들을 도와줄 수 있다. 또 체력적으로 뛰어난 아빠가 아이들의 신체발달을 위해 자전거, 축구, 야구, 줄넘기, 달리기, 각종 기구 운동 등을 봐줄 수도 있다.

자녀와 취미나 성향이 비슷하다면 취미활동을 함께 해 볼 수도 있다. 아이의 장난감이 내 장난감이 되는 경우가 있다. RC카 조종, 레고 만들기, 기차 만들기, 보드게임, 동식물 기르기 등등이다.

직장생활을 하다가 오랜만에 사회를 떠나 가정으로 돌아왔기에 그동안의 삶을 되돌아보고 앞으로의 삶을 계획해 보는 시간을 보낼 수도 있다. 아이를 돌봐야 하는 시간이지만 조금씩 시간을 내어 그동안 지친 몸과 마음을 가다듬는 시간을 보내보는 것은 어떨까? 아이와 함께 운동도 하고 여유 있는 시간에 책도 읽어보자.

이렇게 육아휴직 기간을 다양하고 자기에게 맞는 활동을 하며 아이와 아빠 모두 행복한 시간으로 꾸려나가 보길 권한다.

육아휴직의 끝이 보이려 한다. 이제 다시 아빠는 사회로 나갈 것이고 아이는 나에게 1년 동안 살며시 보여줬던 자기만의 사생활로 돌아갈 것이다. 앞으로도 매일 같이 밥 먹고 함께 자고 주말이면 여행도 다니고 가끔 쉬는 날이면 학교도 데려다줄 것이다. 변한 건 없을 텐데 왠지 지금과는 다를 것만 같다. 그건 아마도 아이와 나의 인생 모두에 걸쳐 가장 소중하고 행복한 순간이 지나갔기 때문이 아닐까.

지나고 보면 모든 것이 아름답게 보이고 가까이서 보면 비극이지만 멀리서 보면 희극이다. 육아휴직 1년 동안 여러 가지 일들로 아이와 치열하게 보내기도 하고 즐겁기도 하였다. 그 모든 순간이 소중한 시간이었던 것 같다.

　모든 고생하고 있는 육아휴직자들과 휴직을 마치고 직장으로 복귀한 아빠 엄마들에게 응원을 보낸다.